阿里云智能 产学合作系列教材

云原生数据库
原理与实践

李飞飞 周烜 蔡鹏 张蓉 黄贵 刘湘雯 ◎著

电子工业出版社
Publishing House of Electronics Industry
北京·BEIJING

内 容 简 介

本书详细剖析了作为核心基础软件系统的数据库在云计算时代的技术演进历程，从架构设计、实现机制和系统优化等多个角度阐述传统数据库技术是如何一步步发展到云原生形态的。本书强调理论和实践的充分结合，分析 MySQL、PostgreSQL 等工业界"活"的系统实现数据库的 SQL 优化与执行、事务处理、缓存与索引等原理，在面对实际应用需求时做了哪些权衡与折中，面对复杂的应用场景如何优化，以及做出种种选择背后的原因。同时，本书结合阿里云在数据库领域的研发实践经验，着重讲述现代数据库从系统进化到服务的一系列核心技术原理，例如利用云计算资源池化技术、分布式技术实现数据库的高可用、弹性扩展和按需使用等。

本书内容翔实，兼具理论深度和实现细节，同时开放性地探索了数据库的最新发展方向，能够启发读者进一步深入思考。本书可作为高等院校信息类专业的本科生和硕士研究生教材，也可作为数据库行业的内核研发和系统运维等从业人员的参考书。

未经许可，不得以任何方式复制或抄袭本书之部分或全部内容。
版权所有，侵权必究。

图书在版编目（CIP）数据

云原生数据库：原理与实践/李飞飞等著. —北京：电子工业出版社，2022.1
阿里云智能产学合作系列教材
ISBN 978-7-121-42165-5

Ⅰ．①云… Ⅱ．①李… Ⅲ．①云计算－教材 Ⅳ.①TP393.027

中国版本图书馆 CIP 数据核字（2021）第 202211 号

责任编辑：宋亚东
印　　刷：中国电影出版社印刷厂
装　　订：中国电影出版社印刷厂
出版发行：电子工业出版社
　　　　　北京市海淀区万寿路 173 信箱　邮编：100036
开　　本：720×1 000　1/16　印张：15.5　字数：347.2 千字
版　　次：2022 年 1 月第 1 版
印　　次：2023 年 1 月第 3 次印刷
定　　价：99.00 元

凡所购买电子工业出版社图书有缺损问题，请向购买书店调换。若书店售缺，请与本社发行部联系，联系及邮购电话：（010）88254888，88258888。
质量投诉请发邮件至 zlts@phei.com.cn，盗版侵权举报请发邮件至 dbqq@phei.com.cn。
本书咨询联系方式：010-51260888-819，syd@phei.com.cn。

推荐序一

云原生数据库正在成为一种重要的数据库新形态，预计到 2022 年，75%的数据库会被直接部署或向云上迁移。阿里云数据库产品不仅支撑着全世界最大规模的高并发、低延迟电商环境，为上千万家中小企业的在线商业数据提供一站式全链路的在线数据管理与服务，而且还为政务、制造、金融、通信、海关、交通和教育等重点行业提供稳定可靠的数据存储、处理与分析服务。目前，阿里云数据库产品已服务企业用户超过 10 万家，让企业级数据库服务唾手可得，帮助大量的传统数据库客户大幅降低了成本，提升了运营效率，创造了新的业务场景和价值。

由于阿里电商业务对数据库庞大的并发吞吐和数据计算的需求，阿里云早在 2010 年就全面开展了数据库的自主研发，攻克存储计算分离、分布式、高可用、兼容性、离在线一体化、HTAP 等关键技术，并针对双 11 等高并发业务场景进行设计和优化，持续升级内核能力和集群架构。同时，针对国产芯片及操作系统开展优化，为全面使用国产化技术栈，完全的自主可控打下基础。在这个过程中，阿里云数据库获得了世界互联网大会全球领先科技成果奖、浙江省科技进步一等奖、中国电子学会科技进步一等奖等，也成为首个进入 Gartner 全球数据库领导者的中国数据库厂商。站在云计算时代际遇面前，阿里云愿意携手广大合作伙伴和开发者，一起发展云原生数据库技术，打造完善的产业生态，加速全社会数字化转型进程。

张建锋

阿里云智能事业群总裁，达摩院院长

推荐序二

数据库是计算机科学领域最重要的基础系统之一，同时也是承载数字经济发展的基础系统软件，具有举足轻重的战略地位。充分有效地管理和利用各类数据资源，是进行科学研究和决策管理的前提条件，在数字经济时代尤为关键。传统数据库市场主要由大型商业数据库厂商所占据，并已经形成较为完善的数据库生态。数据库存储和处理着用户最核心的数据资源，用户粘性高，迁移难度大。由于数据库生态的高度垄断，我国数据库系统在商业市场中竞争力面临很大的挑战。当前国家正在大力推进基础技术领域的创新突破战略，明确提出大力发展基础软件和高端信息技术服务，加快发展面向大数据应用的数据库系统。在这个背景下，数据库系统不应是简单的存量市场替代，更应是升级创新，适应云计算和大数据、AI 等新的市场需求，从可用发展到好用。

云计算等技术的快速发展，带动了各类基础软件开始云化转型之路，企业正将新应用向云转移，对数据存储和计算分析的能力要求不断加强，云原生数据库天然具备云上的弹性、灵活性、高可用性等特点，能够提供强大的创新能力、丰富多样的产品体系、经济高效的部署方式和按需付费的支付模式。云原生分布式数据库成为一个数据库领域创新突破的重大机会，数据库云化趋势为数据库从业者提供了新的赛道。

数据库的云化经历了两个阶段，一是云托管，将原有数据库系统部署在云平台上，将数据库服务化，按需购买；二是云原生，利用云化的资源池化特点完全重构数据库的层次结构，使计算、存储、网络等资源彻底解耦，更充分灵活的利用资源池的弹性来适应业务的变化。后一个阶段对数据库的改造更为彻底，更具创新的深度和潜力，"云原生数据库：原理与实践"正是面向这一趋势应运而生的一本书。本书的主要作者李飞飞博士先是从事数据库领域的学术研究工作十余年，近年又投身工业界，潜心于数据库系统的研发，融合了理论前沿和工程实践经验，反映在这本数据库教材中，既有翔实的理论基础，也有丰富的技术实现细节，对云原生数据库的重点技术，如存储计算分离，高可用，存储引擎，分布式查询引擎，数据水平分布与自动负载均衡等都做了深入细致的分析，相信会对广大读者学习业界最新的数据库技术提供帮助。

信息基础技术领域的自主创新对信息化建设意义重大，此一任务任重道远，远非一朝一夕之功，也需要整个社会形成共识，辅以全局产业链的密切合作。惟有持之以恒，不断努力抓住时代发展提供的每一个机遇，方能成功。希望此书能为广大从业者在技术探索之路上带来一些启发，为建设新型的数据库系统做出贡献。

陈左宁

中国工程院院士

推荐序三

数据库管理系统是计算机科学技术领域最重要的系统软件之一,更是各类信息系统不可或缺的基础性平台,其主要任务是对数据的归集、分类、组织、处理、存储、分析、应用的全生命周期提供共性技术支撑。可以说,没有数据库管理系统,就没有各行各业的信息化。自 20 世纪 70 年代开始商业化以来,数据库管理技术得到了长足发展,其中关系数据库以其简洁的概念体系和良好的抽象、强大而通用的表达能力以及对事务的一致性保障奠定了其在信息化中的主导地位,成为数据管理技术的"事实标准"。

互联网的大规模商用极大加速了数据的产生、流通和汇聚,给数据管理带来了一系列新需求和新挑战:数据规模的指数级增长使得更多的数据需要管理,数据类型的日渐丰富亟需更灵活多样的数据模式;互联网作为信息化的基础设施,各类应用面临更大规模的数据吞吐量、更大规模的并发访问以及更短的检索响应时间;互联网的无地域限制也要求业务系统不间断地提供服务,对数据库的多点高可用以及可扩展性带来了更高要求;如此,等等。这些新特征和新场景开启了数据库技术的一轮变革,催生了大量创新数据库技术和产品。其中,分布式技术的融入成为主要特点,带来了良好的扩展性和高可用能力,可以有效应对大规模数据处理与存储分析的需求。

云计算模式开启了互联网应用的新阶段,计算和存储的能力以随取随用的服务形式提供给用户,基础设施服务化之外,更是各类底层平台技术,包括数据库、中间件等的服务化,以及应用软件的服务化。云计算触发了数据库技术的又一轮变革,在分布式技术应用的基础上,需要充分利用云平台资源池的弹性能力,将数据库的计算和存储分层解耦,按应用负载提供实时弹性伸缩、全域多点可用的数据库服务。这一变革不仅是技术上的演进,也是商业模式的更新,可以为用户提供易于使用、高性价比、弹性伸缩的高可用数据库服务。由此,带来了对云原生数据库的需求。

利用云原生技术重构数据库系统,同时顺应了技术发展趋势和市场需求。李飞飞博士领衔编写的这本教材对云原生技术与数据库的结合进行了系统性阐述,回顾了数据库管理系统的历史发展脉络以及各个重要阶段的主要技术特征,梳理了数据库技术的走向及其发展到云原生形态的历程。该书在对数据库技术发展趋势做出详细分析的基础上,自底向上拆解数据库系统的技术栈,分别讲解分层解耦后的共享存储系统、存储引擎、查询引擎等部件的实现,重点阐述云原生、分布式、高可用、软硬结合等新技术如何融入并拓展数据库系统的能力,详解了使用和运维云数据库的实践和操作。全书内容布局有度,循序渐进,原理与实操兼备,适合数据库技术领域从业人士阅读参考。

数据库的云化正在成为一个重要趋势,为数据库管理技术及其相关产业发展带来了新的机遇,同时,也带来了对人才培养的需求。该教材的出版,恰逢其时。是为序。

梅宏
辛丑年孟冬于北京

推荐语

基于云平台提供数据管理服务自然产生了对云原生数据库的需求。本书以作者主持研发的 PolarDB 为例，从理论到实践，系统地阐述了云原生数据库的原理与技术，语言简洁明快，论述深入浅出，是一本值得一读的好书！

李战怀
西北工业大学教授，中国计算机学会数据库专业委员会主任

云原生数据库是最适用于云计算平台的数据库系统，是数据库大家族的新宠。本书作者是云计算和数据库领域的专家，内容具有很高的参考价值。

杜小勇
中国人民大学教授，中国计算机学会大数据专家委员会主任

数据库自 20 世纪 60 年代诞生以来，一直被认为是信息社会的关键基础设施。近 20 年来，互联网的发展和普及深刻地改变世界和人类本身，未来信息社会的形态逐渐明晰，经济社会的数字化转型蓄势待发。数据库遭遇互联网是最近 10 年数据库发展遇到的最大挑战和机遇，数据库研发因此重焕青春。云原生数据库是数据库遭遇云计算的必然产物，云原生的根本理念是把数据库能力服务化、大众化，把数据库变成公用事业。这是发挥数据威力，为数字化转型提供赋能平台的第一步。本书系统总结了阿

里巴巴集团在云原生数据库方面的探索，从实践中来，到实践中去，相信本书对我们在这一新领域抢占先机大有裨益。

周傲英
华东师范大学教授、副校长，资深数据库学者

云计算平台使得云原生数据库得以兴起和普及。本书从理论和实践两个方面展示了云原生数据库的基本原理和核心技术。作者长期从事数据库理论研究，成果丰硕。他们结合阿里云原生数据库 PolarDB 的研发经验撰写此书，非常值得仔细研读！

彭智勇
武汉大学教授、大数据研究院副院长，中国计算机学会数据库专业委员会副主任

云原生数据库是数据库领域近 10 年来的重大革新，引领了数据库的发展。本书详细阐述了云原生数据库的核心技术，例如计算存储分离、日志即数据、弹性多租等，是云原生数据库领域的宝书，值得仔细阅读。本书作者是数据库领域学术界和工业界的卓越代表，书中内容凝聚了对云原生数据库的思考。

李国良
清华大学教授，清华大学计算机系副主任，中国计算机学会数据库专业委员会副主任

云原生数据库可以说是当下最火的数据库产品技术形态，具有高扩展性、高可用性等优良特性，相关领域正在蓬勃发展。本书是有关云原生数据库的开创性著作，覆盖了关键理论和技术实现。作者是来自企业界和学术界的资深学者和优秀实践者，强烈推荐给对数据库技术感兴趣的研究生和研发人员。

崔斌
北京大学教授，中国计算机学会数据库专业委员会副主任

数据已成为数字经济的核心生产要素，而数据库是承载数据存储与计算的关键基础软件，对企业业务发展至关重要。信息通信服务商同样高度关注数据库技术的发

展。随着云计算和大数据的蓬勃发展,数据库也从传统定制化部署,转型为按需取用、弹性伸缩的云服务,给业务人员带来更多的灵活性和更高的性价比。李飞飞博士等人所著的《云原生数据库:原理与实践》详细阐释了阿里云数据库在云化过程中的技术发展与实战经验。相信这本书能给各位读者带来启发,更好地实施企业上云,加速数字化转型。

陈国
中移信息技术有限公司副总经理

随着科技的发展和数字化转型的推进,数据作为核心资产,越来越受到重视;而作为数据存储与计算的载体,数据库的发展也日新月异。我把数据库的发展按次序定义为传统数据库、云原生数据库和广义数据库。而当前,云原生数据库正以一种崭新的技术架构大行其道,蓬勃发展,为云计算的落地做出了不可磨灭的贡献。

当很多人还在迷茫什么是云原生时,李飞飞和周烜等几位老师的巨著横空出世,可谓适逢其时。几位老师的理论积累深厚,行业视野高瞻远瞩,对阿里巴巴数据库产品的最佳实践也如指诸掌。在他们的共同努力下,本书对理论概念的讲解和技术实现的描述一气呵成,对文字的把控也游刃有余,非常适合数据库爱好者阅读。期待本书早日面世,泽被大众。

周彦伟
极数云舟创始人&DTark 总架构师,中国计算机行业协会数据库专委会会长,
浙江大学校外导师

数据库已进入百家争鸣的新时代!谁能在这场角逐中脱颖而出?本书为从业者指明了道路——拥抱云原生。本书理论结合实践,在技术选型方面也着墨较多,凝聚作者们多年的行业经验和心血,引领读者概览云原生数据库的全貌,兼具细节与深度,颇具匠心,当有其所值!

张文升
PostgreSQL 中文社区主席,《PostgreSQL 实战》《PostgreSQL 指南——内幕探索》作者

前　　言

写作背景

　　数据库系统是基础系统软件"三驾马车"之一，自诞生以来已发展 60 余年。关系数据库以其良好的抽象，强大的表达能力，易于使用的 SQL 语言占据了主流地位。在长达半个世纪的发展过程中，关系数据库的理论和技术都得到了长足发展，相关书籍不计其数，每一部分的技术如 SQL 解析、优化与执行、事务处理、日志恢复、存储引擎、数据字典等都有详尽分析。然而，数据库技术的日臻成熟并不意味着停止发展，相反，在互联网和大数据日渐兴盛的当下，业务的复杂性、数据模型的多样性、数据规模的爆炸式增长和硬件技术的更新都为这一相对古老的技术注入了新的活力。

　　互联网应用以前所未有的速度全面重塑了人们的生活方式，大量的数据得以在线化，这些数据需要被存储、分析和消费，承载这些功能的数据库面临的访问量远超以往。互联网应用为适应高度变化的市场，迅速调整其业务形态和模式，也产生了更加灵活丰富的数据模型、频繁变化的负载特征，这些都要求数据库具备弹性伸缩的能力，既可以适应业务的变化，又可以尽可能地降低成本。传统的数据库大多采用单机部署，规格固定，难以满足这些要求。云计算的出现恰逢其时，它把信息化需要的基础设施作为一种服务来提供，建立超大规模的资源池，并在此基础之上提供统一的、虚拟化的抽象界面。利用容器、虚拟化、编排调度和微服务等技术在多样化硬件上建立了一个庞大的操作系统，利用云计算的能力，数据库把固定规格部署的实例变为一种服务，用户可以按需取用，并根据业务变化实时伸缩。

　　云原生数据库不仅仅是把传统数据库架构在云计算平台上的一种服务，而是要从整体架构上进行彻底的改造，以充分利用云计算平台资源池化的能力，将原本一体运行的数据库拆解，让计算、存储资源完全解耦，使用分布式云存储替代本地存储，将计算层变成无状态（Serverless）。云原生数据库将承载每层服务的资源池化，独立实时地伸缩资源池的大小，以匹配实时的工作负载，使得资源利用率最大化。

主要内容

本书详细介绍了数据库技术在云计算时代背景下的演进历程，通过具体的实例介绍云原生、分布式等技术是如何让数据库的内涵变得更加丰富的。

第 1 章回顾了数据库发展的简要历程，并以一条 SQL 语句的执行过程简要阐述典型关系数据库的结构、重要模块和实现原理。

第 2 章讲述数据库在云计算时代背景下的发展与变迁，如何从单机数据库进化到云原生分布式数据库。云计算发展对数据库不仅带来了技术上的变化，还有商业模式上的变革，因此本章还探讨了数据库技术的未来可能发展趋势。

第 3 章主要讲述架构在云平台上的云原生数据库基本架构设计理念，以及设计选择背后的原因。同时分析了目前市场上最重要的几个云原生数据库，如 AWS Aurora、Aliyun PolarDB、Microsoft Socrates 的技术特点。

第 4 章到第 7 章分别讲述云原生数据库的几个重要组件，如存储引擎、共享存储、数据库缓存和计算引擎等的实现原理。每章都遵循相同的结构，首先讲述这些模块的理论基础、一般实现方法，然后介绍在云原生数据库中的针对性改进与优化方法。

第 8 章详细介绍了水平扩展的分布式技术在数据库中的应用、实现原理，以及与云原生技术融合后如何将数据库技术提升到新的水平。

第 9 章和第 10 章以 PolarDB 为例集中介绍云原生数据库应用实践，如何创建云上数据库实例，如何更好地使用和运维，充分发挥云数据库的弹性、高可用、安全和高性价比特性。

主要作者

本书由阿里巴巴数据库产品事业部李飞飞和华东师范大学周烜教授撰写，参与撰写内容的还有周烜团队的蔡鹏教授和张蓉教授，李飞飞团队的资深技术专家黄贵，阿里云副总裁、阿里巴巴达摩院秘书长刘湘雯。阿里云数据库团队的章颖强、王剑英、胡庆达、陈宗志、王宇辉、王波、孙月、庄泽超、应珊珊、宋昭、王康、程训焘、张海平、吴晓飞、吴学强、杨树坤等多位技术专家也提供了重要的技术素材，在此一并致谢。

特别感谢阿里云智能事业群总裁、达摩院院长张建锋，中国工程院院士陈左宁，中国科学院院士梅宏为本书作序。

特别感谢李战怀教授、杜小勇教授、周傲英校长、彭智勇教授、李国良教授、崔斌教授、陈国总经理、周彦伟会长、张文升主席为本书推荐。

感谢阿里巴巴数据库事业部生态与市场负责人胡铭娅所做的组织策划工作。感谢电子工业出版社博文视点宋亚东编辑的组织策划和出版工作。

正是所有人的努力才促成了本书的面世。

由于时间有限，书中不足之处在所难免，恳请广大读者批评指正！

作者

2021 年 11 月

读者服务

微信扫码回复：42165

加入本书读者交流群，与更多读者互动。

获取【百场业界大咖直播合集】（持续更新），仅需 1 元。

目 录

第 1 章　数据库发展历程 ··· 1

1.1　数据库发展概述 ··· 2
1.1.1　萌芽 ··· 2
1.1.2　商业化起步 ··· 3
1.1.3　发展成熟 ··· 3
1.1.4　云原生与分布式时代 ··· 4

1.2　数据库技术发展趋势 ··· 6
1.2.1　云原生与分布式 ··· 6
1.2.2　大数据与数据库一体化 ··· 6
1.2.3　软硬件一体化 ··· 7
1.2.4　多模 ··· 7
1.2.5　智能化运维 ··· 8
1.2.6　安全可信 ··· 8

1.3　关系数据库主要技术原理 ··· 8
1.3.1　接入管理 ··· 9
1.3.2　查询引擎 ··· 10
1.3.3　事务处理 ··· 14
1.3.4　存储引擎 ··· 17

参考文献 ··· 19

第 2 章　数据库与云原生 ·· 21

2.1　数据库在云时代的发展 ···································· 22
2.1.1　云计算时代的兴起 ·································· 22
2.1.2　数据库作为一种服务 ································ 23
2.2　数据库在云原生时代面临的挑战 ·························· 24
2.3　云原生数据库的主要特点 ································ 25
2.3.1　分层架构 ·· 25
2.3.2　资源解耦与池化 ·································· 25
2.3.3　弹性伸缩能力 ···································· 25
2.3.4　高可用与数据一致性 ······························ 26
2.3.5　多租户与资源隔离 ································ 27
2.3.6　智能化运维 ······································ 27
参考文献 ·· 27

第 3 章　云原生数据库架构 ······································ 29

3.1　设计理念 ·· 30
3.1.1　云原生数据库的本质 ······························ 30
3.1.2　计算与存储分离 ·································· 31
3.2　架构设计 ·· 32
3.3　典型的云原生数据库 ···································· 33
3.3.1　AWS Aurora ······································ 33
3.3.2　PolarDB ··· 39
3.3.3　Microsoft Socrates ······························ 42
参考文献 ·· 46

第 4 章　存储引擎 ·· 47

4.1　数据组织 ·· 48
4.1.1　B+树 ·· 49
4.1.2　InnoDB 引擎中的 B+树 ···························· 51
4.1.3　LSM-tree ·· 54

目录

- 4.2 并发控制 ··· 58
  - 4.2.1 基本概念 ·· 58
  - 4.2.2 锁方法 ·· 58
  - 4.2.3 时间戳方法 ·· 60
  - 4.2.4 MVCC ·· 63
  - 4.2.5 InnoDB MVCC 的实现 ·· 65
- 4.3 日志与恢复 ·· 67
  - 4.3.1 基本概念 ·· 67
  - 4.3.2 逻辑日志 ·· 68
  - 4.3.3 物理日志 ·· 68
  - 4.3.4 恢复原理 ·· 69
  - 4.3.5 MySQL 的 Binlog ··· 70
  - 4.3.6 InnoDB 的物理日志 ·· 70
- 4.4 新型 LSM 存储引擎 ·· 72
  - 4.4.1 PolarDB X-Engine ·· 72
  - 4.4.2 高性能事务处理 ·· 74
  - 4.4.3 软硬结合优化 ··· 77
  - 4.4.4 低成本分层存储 ·· 80
  - 4.4.5 双存储引擎技术 ·· 86
  - 4.4.6 实验评估 ·· 87
- 参考文献 ··· 90

第 5 章 高可用共享存储系统 ·· 91

- 5.1 高可用基础 ·· 92
  - 5.1.1 Primary-Backup ··· 92
  - 5.1.2 Quorum ··· 94
  - 5.1.3 Paxos ·· 95
  - 5.1.4 Raft ··· 97
  - 5.1.5 Parallel Raft ·· 100
- 5.2 集群高可用 ··· 102
  - 5.2.1 MySQL 集群高可用 ·· 102

5.2.2 PolarDB 高可用 ··· 105
 5.3 共享存储架构 ··· 118
  5.3.1 Aurora 存储系统 ··· 119
  5.3.2 PolarFS ··· 121
 5.4 文件系统优化 ··· 123
  5.4.1 用户态 I/O 计算 ··· 123
  5.4.2 近存储计算 ··· 126
 参考文献 ·· 132

第 6 章 数据库缓存 ··· 133

 6.1 数据库缓存简介 ·· 134
  6.1.1 数据库缓冲作用 ·· 134
  6.1.2 缓冲池 ··· 134
 6.2 缓存恢复 ·· 135
  6.2.1 云环境对缓存的挑战 ··· 135
  6.2.2 基于 CPU 与内存分离的缓存恢复 ······················ 135
 6.3 PolarDB 的实践 ·· 137
  6.3.1 缓冲池的优化 ·· 137
  6.3.2 数据字典缓存和文件系统缓存的优化 ················ 142
  6.3.3 基于 RDMA 的共享内存池 ································ 143
 参考文献 ·· 148

第 7 章 计算引擎 ··· 149

 7.1 查询处理概述 ··· 150
  7.1.1 数据库查询处理概述 ··· 150
  7.1.2 并行查询概述 ·· 151
 7.2 查询执行模型 ··· 153
  7.2.1 火山模型 ··· 153
  7.2.2 编译执行模型 ·· 154
  7.2.3 向量化执行模型 ·· 154
 7.3 查询优化概述 ··· 155

7.3.1	查询优化整体介绍	155
7.3.2	逻辑查询优化	155
7.3.3	物理查询优化	156
7.3.4	其他优化方法	156

7.4 PolarDB 查询引擎实践 · 157

7.4.1	PolarDB 的并行查询技术	157
7.4.2	PolarDB 的执行计划管理	170
7.4.3	PolarDB 的向量化执行	177

参考文献 · 180

第 8 章 云原生与分布式融合 · 181

8.1 分布式数据库的基本原理 · 182

8.1.1	分布式数据库架构	182
8.1.2	数据分区	183
8.1.3	分布式事务	185
8.1.4	MPP 并行查询处理	189

8.2 分布式与云原生 · 190

| 8.2.1 | 共享存储架构 | 191 |
| 8.2.2 | 无共享存储架构 | 191 |

8.3 云原生分布式数据库 PolarDB-X · 192

8.3.1	架构设计	192
8.3.2	拆分方式	193
8.3.3	全局二级索引	194
8.3.4	分布式事务	195
8.3.5	HTAP	195

参考文献 · 196

第 9 章 云原生数据库 PolarDB 应用实践 · 197

9.1 创建云上实例 · 198

9.2 数据库接入 · 200

9.2.1 相关账号的创建 · 200

XXI

- 9.2.2 图形化访问 ········ 200
- 9.2.3 连接方式访问 ········ 201

9.3 基本操作 ········ 204
- 9.3.1 数据库与表创建 ········ 204
- 9.3.2 创建测试数据 ········ 205
- 9.3.3 账号与权限管理 ········ 206
- 9.3.4 数据查询 ········ 207

9.4 云上数据迁移 ········ 210
- 9.4.1 云上数据的迁入 ········ 210
- 9.4.2 云上数据的导出 ········ 213

第 10 章 PolarDB 运维管理 ········ 215

10.1 数据库运维概述 ········ 216
10.2 扩展资源 ········ 216
- 10.2.1 系统扩展 ········ 216
- 10.2.2 手动升降配 ········ 216
- 10.2.3 手动增减节点 ········ 217
- 10.2.4 自动升降配和增减节点 ········ 217

10.3 备份与恢复 ········ 218
- 10.3.1 备份 ········ 218
- 10.3.2 恢复 ········ 220

10.4 监控与诊断 ········ 221
- 10.4.1 监控与报警 ········ 221
- 10.4.2 诊断与优化 ········ 221

参考文献 ········ 223

第 1 章
数据库发展历程

20 世纪 60 年代,数据库管理系统作为数据管理的核心软件蓬勃发展起来。随着应用需求及硬件条件的变化,数据库经历了数次演变,在查询引擎、事务处理、存储引擎等方面取得了显著的进步。然而,随着云时代的到来,对数据库系统的处理能力提出了新的需求与挑战,各种数据库系统也开始了基于云平台的探索,从而出现了许多新的设计思想和实现技术。

1.1　数据库发展概述

数据库在计算机科学领域一直扮演着重要角色。早期的计算机从本质上来说是一台巨型的计算器，关注的是算法，主要用于科学计算。计算机不对数据做持久化存储，它批量地处理输入数据，输出计算结果，并不保存数据结果。当时没有专门的数据管理软件，程序员不仅要规定数据的逻辑结构，并且还要在程序中设计物理结构，包括存储结构、存取方法、输入/输出格式等。因此，程序中存取数据的子程序随着存储的改变而改变，数据与程序不具有一致性；没有文件的概念，数据无法复用，即使两个程序使用相同的数据，数据也需要输入两份。

20 世纪 60 年代，随着计算机进入商业系统，当解决一些实际业务问题时，数据便从算法处理过程的副产品变成了核心产品。此时数据库管理系统（DataBase Management System，DBMS）得以成为一门专门的技术领域发展起来，数据管理是其核心任务，即对数据的归集、分类、组织、编码、储存、处理、应用和维护。这一任务自发轫之始至今虽然没有太多变化，但其管理组织数据的理论模型和相关技术在计算机软硬件发展、处理业务的复杂性和多样性、数据规模的变化共同推动下，经历了数次变迁，总结起来可以分为以下几个阶段。

1.1.1　萌芽

早在 1960 年，查尔斯·巴赫曼（Charles Bachman）加入通用电气（GE），并开发出第一个数据库系统——Integrated Database System（IDS），该系统是一个网状模型（Network Model）数据库系统，后来查尔斯·巴赫曼进入数据系统语言委员会（Conference/Committee on Data Systems Languages，CODASYL）的数据库任务组（DataBase Task Group，DBTG），制定了网状模型的语言标准，便是以 IDS 作为主要输入。1969 年，IBM 为阿波罗计划开发了一款数据库系统 IMS（Information Management System），使用了层次模型（Hierarchical Model），支持事务处理。层次和网状模型是数据库技术的先驱，很好地解决了数据的集中问题和共享问题，但缺乏数据独立性和抽象级别。用户在对这两种数据库进行存取时，需要明确数据的存储结构，指出存取方法和路径，对于使用者而言较为复杂，因此并没有流行起来。

1.1.2 商业化起步

1970 年，IBM 公司的研究员 E.F.Codd 在他划时代的论文 *A Relational Model of Data for Large Shared Data Banks* 中提出了关系模型（Relational Model），该模型为关系数据库技术奠定了理论基础，关系模型基于谓词逻辑和集合论，有严格的数学基础，提供了高级别的数据抽象层次，并不规定数据存取的具体过程，而是交由 DBMS 自己实现。当时也有人认为关系模型过于理想化，只是一种抽象数据模型，难以实现高效的系统。1974 年，当时在 UC Berkeley 的 Michael Stonebraker 和 Eugene Wong 决定开始研究关系数据库，并开发出 INGRES（Interactive Graphics and Retrieval System），证明了关系模型的高效和实用。INGRES 使用了一种称为 QUEL 的查询语言。与此同时，IBM 也意识到关系模型蕴含的潜力，在实验室中开发出关系数据库 System R，还有与之相适配的结构化查询语言 SQL。20 世纪 70 年代末，INGRES 在 Oracle 和 IBM DB2 中得到发展和商业化实现，最终于 1986 年被 ANSI 组织采用并作为关系数据库的标准语言。SQL 语言只描述想要什么样的数据，而不关注如何获取这些数据的具体过程，把使用者从繁重的数据操作细节中解脱出来，恰恰成为关系数据库得以成功的关键。

1.1.3 发展成熟

经过 10 年的发展，关系数据模型理论深入人心，E.F.Codd 也于 1981 年获得了图灵奖。理论模型的成熟，催生出了一大批商用数据库产品，例如 Oracle、IBM DB2、Microsoft SQL Server 和 Infomix 等一大批流行的数据库软件系统均出现在这一时期。数据库技术的发展与程序设计语言、软件工程、信息系统设计等技术互相影响，也促进了数据库理论研究继续深入，例如数据库研究人员借鉴和吸收了面向对象的方法和技术，提出了面向对象的数据库模型（简称对象模型）。至今，许多研究都是建立在数据库已有的成果和技术上的，针对不同的应用，对传统的 DBMS，主要是 RDBMS 进行不同层次的扩充，例如建立对象关系（OR）模型和建立对象关系数据库（ORDB）。

商用数据库的发展也推动了开源数据库技术的不断演进。进入 20 世纪 90 年代，开源数据库项目也蓬勃发展起来，当前的两大开源数据库系统——MySQL 和 PostgreSQL——均诞生于这一时期。早期数据库主要用于处理在线交易业务，被称为在线联机事务处理系统（On-Line Transaction Processing，OLTP）。经过近 20 年的发展，单机的关系数据库技术及系统日趋成熟，商业化渐成规模。随着关系数据库在信息系统的广泛应用，业务数据积累越来越多。如何利用数据支持商业决策，逐渐引起了一些学者和技术人员的兴趣，这种对大规模数据进行分析查询的场景被称为在线分析处理（On-Line Analytical Processing，OLAP）。1988 年，为解决这类问题，IBM 公司的研究员 Barry Devlin 和 Paul Murphy 创造性地提出了一个新的术语——数据仓库（Data Warehouse）。随着互联网时代的到来，以往面向专业人员的系统直接向所有人开放，导致业务处理的数据规模发生了数量级的增加，数据库面对的处理请求规模呈爆炸性增长，使得传统单机数据库难以应对。借助云的力量，分布式数据库等新兴技术开始走上历史舞台。

1.1.4　云原生与分布式时代

在云原生时代，数据库的处理能力如何随着业务处理规模增加而扩展，有两种不同的实践方法。一种方法是垂直扩展（Scale up），提升数据库各个组件的容量，使用更好的硬件，比如小型机、高端存储，如著名的"IOE"解决方案，数据库系统架构使用多个计算节点共享一份存储，称为 Shared-Storage 架构，如图 1-1（a）所示。另一种方法是水平扩展（Scale out），还是保持原来单个数据库实例的容量不变，用更多的数据库节点组合为一个无共享（Shared-Nothing）分布式系统来解决问题，每个节点根据分布规则（Sharding Rule）存储一部分数据（Shard），处理一部分请求，如图 1-1（b）所示。

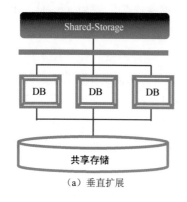

（a）垂直扩展

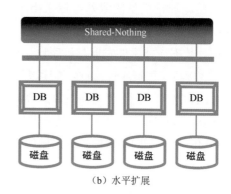

（b）水平扩展

图 1-1　数据库的垂直扩展与水平扩展

两种方法各有利弊，前者本质上还是一个单机形态，所有计算节点共享所有状态、数据或元数据，基本上所有功能都可以和单机版保持兼容。对于很多传统企业来说，保证业务的平滑是很重要的，应用尽量不做改动，便能获得扩展功能，这种方式无疑是合适的。但是扩展性受限，计算节点不可能无限制地添加，计算节点越多，同步状态的代价越大，包括存储容量也受限于共享存储的能力。如此一来，对处理互联网业务的海量数据和请求来说就显得力不从心了。因此，大部分互联网企业更看重数据库扩展能力，自然选择了用廉价硬件水平扩展的方案，代价就是数据做了水平拆分。很多业务的查询和事务变成了跨数据分片或跨节点，复杂度和开销较大，因此大部分互联网业务可以通过选择拆分规则来避免。

互联网业务的快速发展带来的海量数据不仅对在线事务处理带来扩展性需求，也使数据分析的形态发生了变化。21 世纪初期，Google 发表了著名的"三驾马车"：分布式文件系统（Google File System）、分布式表格（BigTable）和分布式计算模型（MapReduce），催生了大数据的概念。随后，开源社区积极跟进，实现了以 Hadoop 生态为主体的开源大数据处理技术体系，成为业界的事实标准。自 2006 年以来，对于大数据处理究竟是 Hadoop 体系更好还是传统的数据仓库技术路线更好，一直都是争论的热点。然而，无论选择哪种技术路线，"更简单的使用模式、更强劲的性能体验、更大的数据处理规模、更实时的处理能力"一直都是学术界和工业界研究的热点。随着时间的推移，以 Hadoop 为代表的大数据生态和以传统数据仓库为代表的数据库生态，在大数据领域正在逐渐向彼此靠拢。"SQL on Hadoop"成为大数据领域一个非常重要的研究方向，而数据库也逐渐向"数据库的体验，大数据的能力"方向发展，SQL 逐渐成为被统一接受的通用查询分析语言。

进入 21 世纪以来，随着信息技术的不断发展，产生的数据越来越多，种类也越来越丰富，传统关系数据库的关系模型是严格的结构化数据，在处理频繁变化的业务和一些专用的特殊结构时殊为不便。一些使用更灵活的数据模型定义（Schemaless）或特殊的数据模型的数据库出现了，统称为 NoSQL 系统。NoSQL 数据库主要包括键值（Key-Value，KV）数据库、文档（Document）数据库、图（Graph）数据库三大类。键值数据库的代表为 Redis、HBase 和 Canssandra；文档数据库的代表为 MongoDB；图数据库的代表为 Neo4j 等。这些数据库都是为了满足某些特定的要求，而在一些技术细节上做了取舍，满足特定场景下数据规模、灵活性、并发或性能的极致要求。在特定的场景下，NoSQL 比关系数据库具有更优异的表现，包括性能、可扩展性、可用性及性价比等，然而关系数据库依然凭借 SQL 强大的表达能力、普适成熟的规范和完整严格的 ACID 语义牢牢占据主流。

进入 21 世纪 20 年代，云计算渐成规模，各大云厂商也纷纷推出了自己的数据库服务，传统的数据库厂商也纷纷试水云计算领域，推出基于云形态的数据库产品。数据库自此进入云时代，开启了新一轮波澜壮阔的变革之旅。

1.2 数据库技术发展趋势

近几年,在数据库领域诞生了很多新技术、新思想,让这个传统、古老的领域重新焕发生机。接下来从六个方面讨论当下数据库技术的发展趋势。

1.2.1 云原生与分布式

资源解耦在云数据库架构上的体现是"计算与存储分离",每一部分都可以独立缩扩容,从而满足用户的按需使用、按量付费的诉求,降低使用门槛,利用"极致弹性"满足互联网时代下企业业务的快速发展需求。对于无状态的计算资源,云原生数据库可以做到分钟级编排与升级,极大地缩短了运维导致的业务不可用时间。对于有状态的存储资源,借助分布式文件系统、分布式一致性协议、多模态副本等关键技术,实现存储资源池化、数据安全与数据库强一致需求。可扩展的通信资源,确保计算和存储间有"足够的"带宽,满足高吞吐、低延迟的数据传输需求。

对于云数据库而言,基于资源解耦的高可用性是其基本特征。通过冗余的计算节点,结合基于云基础设施的节点"探活"及高可用切换技术,实现计算资源整体的高可用。通过多副本及分布式一致性协议,在实现数据存储高可用的同时,确保数据多副本间的一致性。面对任意规模的数据,云数据库应该具备快速备份恢复能力,并能根据备份策略,恢复到特定时间段的任意时间点。面对高并发与大数据处理需求,云数据库应该具备水平扩展与分布式处理能力,包括但不限于负载均衡、分布式事务处理、分布式锁、多租户下的资源隔离与调度、CPU 混合负载和大规模并行处理等。

1.2.2 大数据与数据库一体化

云数据库旨在为用户提供简单、易用的数据库系统,帮助用户用最短的时间、最低的成本快速实现业务功能。随着信息技术的发展,大数据已经成为事实,对数据库的一个核心诉求是在面对海量数据的同时,依然保持相同的性能和可接受的响应时间。大数据与数据库一体化的需求越来越强烈,对用户来说,就是能直接使用 SQL 基于云数据库对海量数据进行分析处理。要使云数据库具备大数据处理能力,一方面需要借助云基础设施的快速弹性、分布式并行处理特性,打造强劲的内核引擎,实现计算与存储资源效能的最大化,以可接受的性价比对外输出海量数据分析处理能力。另一方面,需要有与大数据分析处理相配套的生态工具,主要涉及三类工具。一是数据的流转迁移工具,保证数据链路畅通,数据自由流动,从性能上看,此类工具主要有实时性和吞吐率两大指标；从功能上看，需要能够打通上下游各类数据源。二是数据集成开发工具，用户需要能自由地对海量数据进行处理，包括数据集成、数据清洗、数据转换等，甚至需要能够提供一个完整的集成开发环境，支持开发流程的可视化建模，以及任务的发布、调度等。三是数据资产管理能力。"业务数据化、数据资产化、资产应用化、应用价值化"反映了由业务数据驱动业务创新的递进过程。数据资产化是数据融合应用的重要一环。云数据库作为业务数据生产、存储、处理和消费的重要云基础设施，在数据的资产化过程中扮演着重要角色。基于云数据库的资产管理工具，是云数据库打通"端到端"，帮助客户实现业务价值的重要保障。

1.2.3 软硬件一体化

新硬件的发展为数据库技术注入了更多的可能性，充分发挥硬件性能成了所有数据库系统提升效率的重要手段。云原生数据库拆解了计算、存储，并利用网络发挥分布式的能力，在这三个层面都充分结合新硬件的特性进行设计。首先，数据库的SQL 计算层需要做大量的代数运算，如连接、聚集、过滤和排序等操作，利用异构计算设备 GPU 加速这些计算操作，可以充分发挥其并行能力。还可以利用 FPGA 可编程的能力，固化一些特定密集计算操作（压缩/解压缩，加/解密），减轻 CPU 负担。在存储方面，持久内存（NVM）的出现为数据库带来了想象空间，可字节寻址和持久化的能力，相对固态硬盘 I/O 性能有数量级的提升，很多数据库的设计者开始思考如何重新设计架构来利用这些特性，比如为持久内存设计的索引结构，减少日志或取消日志。因为计算和存储分离带来的执行路径变长问题，很多云数据库开始采用高性能网络（RDMA、InfiniBand 等），结合用户态网络协议栈（DPDK）等技术，可以将网络延时带来的负面影响大大降低。在数据库系统理论日臻成熟、难以突破的今天，更多地利用硬件发展带来的红利是必然的趋势。

1.2.4 多模

随着互联网业务多样化的发展，需要处理的数据类型也越来越丰富。关系数据库对于模式的严格定义，以往在提供数据规范化管理方面是一种优势，但此时成了快速变化业务的束缚。处理灵活的、半结构化和非结构化的数据也成为广泛存在的需求。新数据库也顺应了这种趋势，利用数据库原有强大丰富的数据操作能力，完备的 ACID 语义等优势，提供更多数据模型的处理能力，比如图（Graph）、键值（Key-Value）、文档（Document）、时序（Time Series）和时空（Spatial）等，以及图片、流媒体等非结构化数据。对于应用而言，在一个系统中处理如此多种的数据模型，甚至可以对异构数据做归一化、联合处理，能够挖掘出更多的应用价值。

1.2.5　智能化运维

随着数据的规模化发展，云数据库的使用场景和使用频率越来越高。传统的以数据库管理员为核心的数据库运维方式逐渐无法满足需求。受限于人的体力和能力上限，传统的数据库运维方式无法满足云时代的运维需求。智能化运维技术是云数据库安全稳定运行的重要支撑。启发式机器学习技术可能是一种潜在的解决方案。一种可行的思路是将机器学习技术和数据库专家经验相结合，结合云基础设施的运行数据采集能力，基于云数据库海量运行数据，形成智能化运维模型，实现云数据库自感知、自修复、自优化、自运维和自安全的云服务，帮助用户消除数据库管理的复杂性及人工操作引发的服务故障，有效保障数据库服务的稳定、安全和高效。

1.2.6　安全可信

在云环境下，数据库的安全问题也是重中之重。"可靠、可控、可见"是云数据库安全可信的核心原则。在可靠性方面，在云基础设施本身安全的基础上，云数据库重点会确保链路安全与数据存储安全。在通常情况下，云数据库还能结合云基础设施的密钥管理功能，实现重要数据的加密存储，并根据行业、地域需求，提供不同强度的加密算法。可控是指密钥访问可控及数据权限管理。在通常情况下，云数据库依托云计算基础设施的密钥管理服务，支持用户自带密钥实现敏感数据的加密存储，即使是云服务提供商，在没有密钥的情况下，也无法访问加密存储的数据，最大限度地保证了数据安全。在数据权限管理方面，除了传统数据库支持的库表级别的访问控制，云数据库结合生态工具，还能实现列级别和行级别（基于内容的访问控制）的访问控制，并支持按需配置，满足不同行业对访问控制的诉求。可见是指数据库不再是"黑盒"，能够提供完整的日志审计能力，确保云数据库操作都有记录，且管理控制权在用户。云数据库安全可信技术覆盖"事前鉴权、事中保护、事后审计"的完整数据访问过程。

1.3　关系数据库主要技术原理

数据库管理系统（DBMS）是一种复杂的关键任务（Mission Critical）软件系统，与操作系统和中间件并称为基础系统软件三大件。当今的数据库管理系统包含了学术界和工业界数十年的研究以及大量的企业软件开发成果。如前所述，关系数据库在其中占据了绝对的主导地位，应用于金融、电信、交通、能源等诸多的在线信息系统。关系数据库历经数十年发展，在技术架构上逐渐趋同，一般的关系数据库除了公共组件，主要分为四个部分，包含接入管理、查询引擎、事务处理和存储引擎。其中，事务执行可以嵌入存储引擎中，对上层的查询引擎提供具有 ACID 保证的存储能力，如图 1-2 所示。这几部分互相合作，完成对 SQL 请求的处理过程。

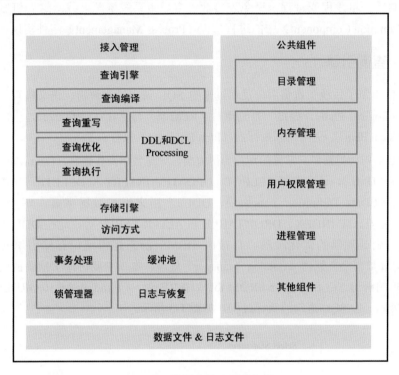

图 1-2　数据库管理系统架构

1.3.1　接入管理

DBMS 一般会提供符合标准接口协议（ODBC、JDBC……）的客户端驱动程序，用户程序可以通过客户端驱动提供的 API 与 DBMS 服务端程序建立数据库连接，并发送 SQL 请求。DBMS 在接收到客户端发送的建立连接请求后，会根据协议要求判断是否建立连接，比如客户端地址是否符合接入要求，判断客户端使用的用户进行安全验证和权限验证。验证通过后，建立相应的数据库连接，并为连接分配相应的资源，并为后续的请求执行创建一个会话（Session）环境（Context）。在这个连接上发送过来的请求都会使用会话环境中的设置，直到会话关闭。

当接收到客户端发送的第一条请求后，DBMS 会分配相应的计算资源，这个过程与 DBMS 实现相关，有的数据库（比如 PostgreSQL）采用 process-per-connection 模型，会创建一个子进程服务这个连接上的所有请求。有的数据库（比如 MySQL）采用 thread-per-connection 模型，会创建一个独立的线程。还有一些更复杂的设计，并不会为每个会话创建独立的服务线程或进程，而是采用线程池或进程池的模型，多个会话共用一组线程或进程，避免连接数过多导致系统资源过载。这套机制由公共组件（Common Component）中的进程管理（Process Management）组件实现。

1.3.2 查询引擎

SQL 引擎子系统负责将用户发送过来的 SQL 请求进行解析、语义检查、生成逻辑计划（Logical Plan），经过一系列重写（Rewrite）与优化（Optimize），生成物理计划（Physical Plan），交由计划执行器（Plan Executor）执行。

SQL 语句种类繁多，常见的划归为两大类，一是数据操作语言（Data Manipulation Language，DML），语句包括 SELECT、UPDATE、INSERT 和 DELETE；一类是数据定义语言（Data Definition Language，DDL），用来维护数据字典，例如 CRATE TABLE、CREATE INDEX、DROP TABLE 和 ALTER TABLE 等，这些 DDL 语句通常不经过查询处理器的优化阶段，直接由 DBMS 静态逻辑调用存储引擎（Storage Engine）和数据字典管理（Catalog Manager）处理。本章主要讨论 DML 的处理，以一个简单的语句"SELECT a, b FROM tbl WHERE pk >= 1 and pk <= 10 ORDER BY c"为例，展示一般 SQL 语句的执行过程，如图 1-3 所示。

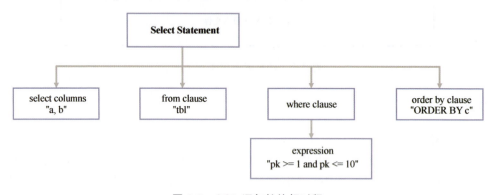

图 1-3 SQL 语句的执行过程

1．查询解析

SQL 请求第一步是语法解析，多数 DBMS 通过类 lex 和 yacc 等工具生成词法与文法解析器（Query Parser），检查 SQL 语句的合法性，将 SQL 文本转化为抽象语法树（Abstract Syntax Tree，AST）结构。图 1-3 展示了语句解析后的语法树，结构比较简单，如果 from 子句或 where 子句后面还有嵌套子查询，那么还会在这些节点下挂上子查询的子树。

随后在 AST 上做语义检查（resolve），解决名字和引用的问题，比如结合数据字典检查操作的表和字段是否存在，用户是否有相应的操作权限，并将引用的对象名规范化（normalize），比如每个表名规范化为"database"."schema"."tablename"的形式。检查通过后，生成逻辑查询计划。逻辑查询计划是由一系列逻辑操作符组成的树结构。逻辑查询计划并不具备直接执行的能力，逻辑操作符通常也只是一些标记数据结构，用于携带必要的操作信息，便于构成后续的优化，生成真正的执行计划。

2．查询重写

查询重写是查询优化的预备阶段，主要工作是在保证查询语句语义不变的情况下，对原有的查询结构做等价变换，简化和标准化查询结构。查询重写通常在 Logical Plan 上进行而不是直接操作文本。查询重写一般有如下工作。

1）视图展开。对 from 子句中的每个引用的视图，从 catalog 中读取定义，用这个视图引用的表和谓词条件替换视图，以及任何引用这个视图中的列替换为对视图引用表的列引用。

2）常量折叠。对于可以在编译时间计算结果的表达式，直接计算后重写。比如 a < 2 * 3 重写为 a < 6。

3）谓词逻辑重写。对 where 条件中的谓词进行重写，比如短路求值 a < 10 and a > 100 表达式可以直接转为 false，返回空结果集。或者做逻辑等价变换，比如 not a < 10 转换为 a >= 10，还有一种重要的逻辑重写使用谓词传递性引入新的谓词，比如 t1.a < 10 and t1.a=t2.x，这种方式隐含了 t2.x<10 的条件，可以提前对 t2 表的数据过滤。

4）子查询展开。嵌套子查询在优化阶段比较难以处理，所以重写阶段一般会将其重写为 Join 形式。比如"SELECT * FROM t1 WHERE id IN (SELECT id FROM t2);"可以重写为"SELECT DISTINCT t1.* FROM t1，t2 WHERE t1.id=t2.id;"。

还有一些诸多的重写规则，比如根据 Schema 定义的约束条件做一些语义优化重写，其目的都是一样的——更好地优化查询的效率，减少不必要的操作，或将查询规范化，便于后续的优化阶段处理。

3．查询优化

查询优化的具体工作就是将之前生成并重写过的 Logical Plan 转化为一个可执行的 Physical Plan。这个转化工作试图找出所有可能的计划中代价最低的计划，实际上，寻找"最优计划"是一个 NP 完全问题，而且代价估算也不准确，优化器只可能寻找"尽可能低"的计划。

查询优化的技术细节非常复杂，这里不会展开。常见的查询优化器一般结合两种技术——Rule-Based（基于规则）和 Cost-Based（基于代价）。像开源数据库 MySQL 是完全基于启发式（Heuristic）规则：比如尽可能下推所有的 Filter、Porject、Limit 操作，在多表 Join 时基于基数估计，优先选择小表，Join 算子一般选择 Nested-loop Join。而 Cost-Based 的方法是搜索可能的计划，根据代价模型（Cost Mode）公式计算代价，选取代价最小的计划。显然，搜索所有可能的计划代价太大，是不可行的。有两种典型的搜索方法，一是 Selinger 在论文[1]中提到的，使用自底向上的动态规划，为减少搜索空间，只专注"左深树"查询计划（一个连接操作的右手边的输入必须是一个基表），以及尽可能避免"Cross Join"（保证在数据流中，求笛卡儿积的操作是出现在所有的连接之后）。另一种搜索方法是基于级联式技术（Cascade）、目标导向和自顶而下的搜索方案。在一些情况下，自顶向下搜索虽然可以降低一个优化器需要考虑的计划的数量，但同时产生了负面影响，即增加了优化器内存消耗。

计算代价模型与具体的算子及算子的计算顺序相关，比如选择使用哪种 Join 算子时，需要根据 Join 条件估算结果集大小，涉及选择率（Selectivity）的问题，而计算选择率需要有列统计信息支撑，统计信息越准确，估计代价就越准，也就能选择到更好的计划。现代数据库不仅统计列的 MIN、MAX、NDV（Number of Distinct Value），还有更精准的直方图统计。但在数据量大的情况下，统计直方图开销过大，往往折中采用采样（Sampling）的方法。

4．查询执行

一般执行器采用的执行模型叫作火山模型（Volcano Model），也叫迭代器模型，最早出现在 Goetz Graefe 的论文[2]中。火山模型是一种"拉（Pull）数据"的模型，其基本思路十分简单：将每一个执行计划中的物理算子实现为一个迭代器。每个迭代器都带有一个 get_next_row() 方法。每次调用这个方法将会返回算子产生的一行数据（tuple）。程序通过在物理执行计划的 Root 操作符循环调用 get_next_row()方法，直到所有数据拉取完毕。以图 1-4 的 Physical Plan 为例，计划执行只需循环调用 Sort 算子的 get_next_row()方法即可取到整个结果集。

```
// root is root node of physical plan tree.
while (root.has_next()) {
  row = root.get_next_row();
  add_to_result_set(row, result_set);
}
```

而顶层的 Sort 算子是一个聚集算子，它需要把子算子的所有数据都拉取出来，然后才能排序。

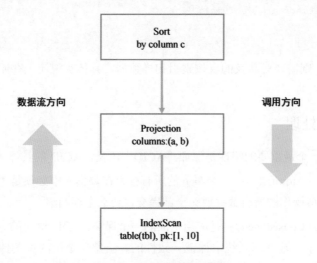

图 1-4　火山模型查询思路

```
class SortOperator {
  SortedRowSet rowset;
  Cursor cursor;
  void open() {
    while (child.has_next()) {
      row = child.get_next_row();
      add_to_row_set(rowset);
    }
    sort(rowset);
    cursor = 0;
  }
  Row get_next_row() {
    if (!initialized) {
    open();
    initialized = true;
  }
  return rowset[cursor++];}}
```

Projection 算子实现则比较简单，只要简单拉取子算子的一行数据，选取必要的列返回即可。

```
class ProjectionOperator {
  Row get_next_row() {
```

```
Row row = child.get_next_row();
return select(row, colums);
}
};
```

IndexScan 则需要对涉及的表按索引扫描数据,具体实现属于存储引擎(Storage Engine)的内容。

1.3.3 事务处理

数据库的一个最重要的特性是保证"ACID"语义,ACID 的具体含义是指:

- 原子性(Atomicity):一个事务的所有行为在数据库中必须是"原子"的,即这个事务操作的所有数据要么全部提交,要么全部回滚。
- 一致性(Consistency):是应用层面的一个保证。SQL 语句的完整性约束通常就是用于在数据库系统中保证一致性的。给定一个由约束条件集提供的一致性定义,只有当一个事务在完成时可以使得整个数据库仍保持一致性状态的时候,这个事务才能被提交。
- 隔离性(Isolation):数据库给每个事务独占整个数据库的假象,任意两个并发执行的事务无法看到对方未提交的数据。
- 持久性(Durability):一个成功提交的事务对数据库的更新是永久的,即便之后发生软件或硬件故障,除非另一个提交的事务将它重写。

数据库处理系统的 ACID 保证一般非常复杂,具体包括并发控制、日志与恢复系统模块组成。

1. 并发控制

数据库是一个多用户系统,意味着同时会收到大量的并发访问请求,如果这些并发请求里有对同一条数据的访问,并且其中一个操作是写操作,则这种情况叫作"数据冲突"(Data Race)。如果不设定合适的保护机制而放任数据冲突不管,则一定会产生数据读写异常,比如读到别的事务未提交的脏数据,一个事务写入的数据被别的事务写入数据覆盖,一次事务中多个时间点读到的数据不一致等。前面讨论的隔离性就是为了避免这些异常带来的非预期的数据结果,而并发控制便是为了实现隔离性而定义的一套数据读写访问的保护协议。

维护数据一致性的严格程度不同,所付出的代价也是不一样的,一致性越严格,运行时的效率也越低。如今多数数据库为了达到效率和一致性之间的平衡,根据异常不同等级定义了多个隔离级别(Isolation Level)选项,以严格程度依次增加分为:读未提交（Read Uncommitted）、读已提交（Read Committed）、可重复读（Repeatable Read）和可串行化（Serializable），用户可以根据业务特征选择。

最严格的隔离级别是可串行化，其意义比较直观，即多个事务交错并发执行的结果，必须与这组事务的某个串行执行结果相同。对于这组事务中的单个事务来说，看起来就好像它在独占这个数据库一样，看不到其他事务的存在，这也是隔离性的含义所在。主要的并发控制技术有以下几种。

1）两阶段加锁（2 Phase Lock，2PL）。对于事务中的每个读写操作，都要对要读写的数据行加锁，读操作加共享锁（Share Lock，其他读操作可以并行执行，写操作必须等待），写操作加排他锁（Exclusive Lock，其他读写操作都需等待）。而且需要保证加放锁的顺序分为加锁阶段和放锁阶段，加锁阶段只允许加新的锁，而放锁阶段只能依次释放之前加的锁，不能再加新的锁。

2）多版本并发控制（MVCC）。事务不使用锁机制，而是针对修改的数据保存多个版本，事务执行时可以锚定一个时间点，即便这个时间点之后数据被别的事务修改，仍然可以读到之前锚定时间点的历史版本数据。

3）乐观并发控制（OCC）。所有事务的操作都无阻塞地读写数据，但是会把所有读和写的操作历史分别写入读操作集合（Read Set）和写操作集合（Write Set）。在事务提交之前经过一个验证阶段（Validation Phase），检查读写集合是否与这个时间段（事务开始和提交之间）的其他事务发生了冲突，如果冲突，则其中一个事务必须回滚。

严格使用 2PL 可以保证可串行化的隔离级别，但是对每个操作都加锁的代价过大，尤其是读操作，大部分并发事务操作的数据可能并没有交集，但也不得不付出这个代价。为降低加锁的代价，很多数据库采用 MVCC+2PL 的混合模式，对写操作的数据加锁，而读操作不加锁，而是访问数据某个时间点的历史版本。这种方法提供的隔离级别称为快照隔离（Snapshot Isolation），不能达到可串行化，会有写偏斜（Write Skew）的异常[①]。不过它避免了大部分其他异常，提供了更好的性能，在大部分情况下会是一个更好的选择。

---

① 写偏斜（Write Skew）异常：是指两个事务（T_1 与 T_2）并发读取一个数据集（例如包含 V_1 与 V_2），然后各自修改数据集中不相交的数据项（例如 T_1 修改 V_1，T_2 修改 V_2），最后并发提交事务。如果事务是串行执行的，这种异常不会发生。而快照隔离允许这种异常发生。例如，设想 V_1 与 V_2 是 Phil 的个人银行账户。银行允许 V_1 或 V_2 是空头账户，只要两个账户总和非负（即 $V_1 + V_2 \geq 0$）。两个户头的初值各是$100，Phil 启动两个事务，$T_1$ 从 V_1 取出$200，$T_2$ 从 V_2 取出$200。

解决写偏移异常有两种策略：一是实现写冲突，增加要给专用的冲突表，两个事务都修改它；二是提升，一个事务修改它的只读数据行（替换其值为一个相等的值）从而导致一个写冲突，或者使用等价的提升——SELECT FOR UPDATE 语句。

而乐观并发控制虽然避免了锁等待，但是一旦判定事务产生了冲突，将会产生大量的回滚，因此在事务冲突较多（比如秒杀场景中，用户购买同一个商品的减库存操作）的情况下表现会非常差，适用于并发事务数据冲突较少的场景。

2．日志与恢复系统

日志系统是数据库存储引擎中的核心部分，主要功能是保证已提交事务中的持久性（D），使得数据库在崩溃后仍然能将之前已提交的事务恢复过来，并且确保回滚中止执行的事务的原子性（A）。实际上保证 DA 有诸多技术，比如 Jim Gray 在 System R 中使用的影子分页（Shadow Paging）技术[3]，每次为修改的页面生成一个新页面，提交时持久化新的页面，并且把当前页表（Page Table）中的页面指向原子修改为新页面，回滚则简单丢弃新生成的页面，使用原来的影子页面（Shadow Page）即可。该方法简单直观，但是不支持页面级事务并发，回收代价也比较大，执行效率不高，没有成为主流。现在流行的数据库的恢复机制基本上都使用了 C.Mohan 发表的 ARIES 论文[4]中的日志机制。

数据库早期都是为了传统磁盘而设计的，而传统磁盘的顺序访问性能远高于随机读写。用户的更新一般都是比较随机地更新一些页面，如果每更新一个页面提交就要把相应的页面刷到磁盘，则会引发大量的随机 I/O，也无法保证页内并发事务的原子性，例如多个事务同时更新页面时，一个事务提交后不能立即刷下页面，因为可能包含其他未提交事务。因此在更新页面时，只会在内存缓存中原地更新页面内容，同时记录事务的操作日志，保证在事务提交时操作日志先于页面内容刷到磁盘，这种技术被称为预写日志（Write Ahead Log，WAL）。

为了保证事务的 D 和 A，需要严格定义日志、提交点以及数据页的落盘顺序。这里有 force/no-force、steal/no-steal 几种策略。

- 首先日志肯定先于数据页面落到磁盘，要求事务提交后（记录 Commit Marker），必须强制把事务所有更新的页面刷到磁盘，然后才能返回事务提交成功，这种策略称为 force。如果不强制立即刷入更新页面，则可以放在后面异步进行，这种策略称为 no-force。no-force 意味着可能有部分已经提交的事务所在的页面并没有落盘，这时日志必须记录重做日志（Redo Log），恢复时可以通过回放回滚保证持久性。
- 是否允许一个含有未提交事务的数据页刷盘，如果 steal 策略允许，则磁盘上就包含了未提交事务，必须在日志里面记录回滚来保证事务中止时能够回滚，no-steal 策略则不用。

ARIES 协议采用的是 steal/no-force 策略，即允许未提交事务先于提交点落盘，也允许事务提交后不强制数据页必须落盘，可以完全自主决定何时将脏页刷新到磁盘，采用最优的 I/O 模式，从理论上来说，其是效率最高的。付出的代价是必须同时记录重做日志和回滚日志。

1.3.4　存储引擎

对于数据库表的数据存储操作，一般都在存储引擎层完成。它涉及数据存取的 TableScan、IndexScan 物理算子会调用存储引擎提供的数据存取接口（Access Method）读写指定数据。数据库存储引擎一般包含数据组织与索引管理和缓冲区管理两个主要模块。

1．数据组织与索引管理

数据库的数据存储组织方式是由目标存取效率决定的。不同种类的数据库侧重点也有所不同，早期的数据库都以磁盘作为存储介质，为了达到更快的 I/O 效率，一般采用定长的页面（Page）管理数据，页面大小通常对齐到磁盘扇区（Sector）大小，例如 8KB、16KB，也便于装载到内存缓冲区进行管理。

一张表的数据通常会包含非常多的行，这些行以随机或写入的顺序组织成若干页（这种组织方式称为堆表），如何在查询时定位到需要的页面，减少物理 I/O 次数，是提升数据库查询性能的关键。这就需要对表数据建立索引，用户可以选择若干类型的索引方式，默认是 B 树索引，数据库会额外存储索引（同样以页面的形式组织）结构，如果是 B 树索引，那么叶子节点会索引到实际的表数据页面中的位置。有一种特殊索引是主键索引（Primary Key Index），当用户对表指定了主键后，数据库会按主键对数据排序，以排序的形式聚集在物理页面中，这种索引称为聚簇索引，无须额外存储索引结构。

在内存容量越来越大，价格越来越便宜的趋势下，出现了纯内存数据库。它以内存作为主要存储介质的数据库形态，内存支持高效的随机地址访问，无须再像磁盘一样使用逻辑结构映射到物理地址的间接访问方式，而是直接使用带指针的数据结构，而且索引到行，访问路径更短、更直接。根据使用场景的不同，在页面内的数据组织方式也有所区别，典型类型有以下几种。

- 数据按行存储（Narray Storage Model，NSM），对事务处理比较友好，因为事务数据总是以完整行的形式写进来，多用于在线事务处理（OLTP）场景；
- 按列存储（Decomposition Storage Model，DSM），把元组中相同的列值在物理上存储在一起，这样只需要读取需要的列，在扫描大规模数据时减少大量 I/O。另外，列存做压缩的效果更好，适合在线分析处理（OLAP）场景，但是事务处理就不那么方便，需要做行转列操作，所以大部分 AP 数据库事务处理效率都不太高，某些甚至只支持批量导入。

- 混合存储（Flexible Storage Model，FSM），采用行列混合布局，有把数据先按行分组（Segment，SubPage），组内使用 DSM 组织，如 PAX、RCFile；也有先按列分组（Column Group），组内指定的列按 NSM 组织，如 Peloton 的 Tile。此种格式试图结合 NSM 和 DSM 两者的优点，达到处理混合负载（HTAP）的目的，但同时也继承了按行存储和按列存储的缺点。

当然，数据组织还有更多细节，如何在磁盘或内存中节约存储空间的同时不降低存取效率，有很多的材料例如 ASV99[5]、BBK98[6]可以进一步参考。

2．缓冲区管理

在对数据页面进行读写操作时，一个必要的操作是把页面从磁盘装载到内存中，修改页面的内容也在内存中进行。一般而言，内存的容量都远小于磁盘容量，因此装载到内存中的页面只是整体数据页的一部分。如何根据读写请求决定内存中装载哪些页面，何时将页面同步修改到磁盘，淘汰哪些内存页，都是缓冲区管理的主要工作。

大部分数据库在内存页中使用和磁盘页面完全一样的内容，这样做有两点好处，一是固定大小的页面便于内存管理，使用非常简单的分配回收算法，避免内存碎片；二是格式一致，读写过程中没有编码和解码（serialize/deserialize）操作，减少了 CPU 的负担。

数据库使用一个页表（散列表）的数据结构管理缓冲区页面，页表是页面编号与页面内容（包括页面内存位置、磁盘位置及页面元数据）的映射关系。元数据记录了页面当前的一些特征，比如脏标记（Dirty Flag）表明页面是否在读入之后被修改过，引用标记（Pin）表明页面是否被某些正在执行的事务引用，这类页面是不能被交换到磁盘的。

缓冲区的大小一般是固定的，与系统配置的物理内存相关。因此，当缓冲区被填满时，如果有新的页面需要加载，则必须使用页面替换算法淘汰一些页面。一些通用的缓冲区替换算法如 LRU（Least Recently Used）、LFU（Least Frequently Used）和 CLOCK 等在数据库复杂的访问模式下未必合适，比如数据库中常见的全表扫描。如果扫描的数据量非常大，若使用 LRU 算法，这些数据页面会全部进入缓冲区挤占掉原有的数据页，导致短时间内缓冲区的命中率大幅下降。如今，很多数据库采用简单的 LRU 增强方案解决扫描问题，比如将缓冲区划分为冷区和热区，扫描读入的部分页面先进入冷区，在冷区中命中以后再进入热区，避免缓存污染问题。也有很多的研究寻找更多的有针对性的替换算法，例如 LRU-K[7]和 2Q[8]。

参 考 文 献

[1] GRIFFITHS SELINGER P, ASTRAHAN M, Chamberlin D, et al. Access path selection in a relational database management system. Proceedings of the 1979 ACM-SIGMOD international conference on Management of data, 1979: 23-34. https://doi.org/10.1145/582095.582099.

[2] GRAEFE G. Volcano, an extensible and parallel query evaluation system. IEEE Transactions on Knowledge and Data Engineering 6.1, 1994: 120-135.

[3] GRAY J, MCJONES P, BLASGEN M, et al. The recovery manager of the System R database manager. ACM Computing Surveys (CSUR), 1981, 13(2): 223-242.

[4] MOHAN C, HADERLE D J, LINDSAY B G, et al. Aries: A transaction recovery method supporting fine-granularity locking and partial rollbacks using write-ahead logging. ACM Transactions on Database Systems (TODS), 1992, 17: 94-162.

[5] ARGE L, SAMOLADAS V, JEFFREY SCOTT V, et al. On Two-Dimensional Indexability and Optimal Range Search Index. Proceeding of ACM SIGACT-SIGMOD-SIGART Symposium on Principles of Database Systems, 1999:346-357.

[6] BERCHTOLD S, BÖHM C, KRIEGEL H-P. The Pyramid-Technique: Towards Breaking the Curse of Dimensionality. ACM-SIGMOD International Conference on Management of Data, 1998:142-153.

[7] O'NEIL E J, O'NEIL P E, WEIKUM G, et al. The LRU-K Page Replacement Algorithm For Database Disk Buffering. ACM SIGMOD International Conference on Management of Data, 1993:297-306.

[8] JOHNSON T, SHASHA D.2Q: A low overhead high performance buffer management replacement algorithm. International Conference on Very Large Data Bases (VLDB), 1994:297-306.

第 2 章
数据库与云原生

云平台利用容器化、虚拟化、编排调度等技术为各种组件构建了一个新型的操作系统。如何利用云平台提供的资源虚拟化和弹性资源分配能力，实现高可用的、高性能的、智能的云数据库系统成了一个新的挑战。经过长期的发展，云数据库系统与传统数据库系统相比已经具有了鲜明的特征。

2.1 数据库在云时代的发展

2.1.1 云计算时代的兴起

在云计算兴起之前，对于大多数企业而言，自行采购硬件和租用互联网数据中心（Internet Data Center）机房是主流的 IT 基础设施构建方式。除了服务器本身，机柜、带宽、交换机、网络配置、软件安装和虚拟化等底层诸多事项需要相当专业的人士负责，发生调整时的反应周期也比较长，需经过一系列采购、供应链、上架、部署、服务等流程。对于企业来讲，必须提早预测自身业务发展的需求，做好预算规划。为了避免系统容量跟不上业务发展的速度，往往会提前留一定的余量。但企业对业务发展的预测往往与实际有偏差，进入互联网时代后尤其如此，要么业务超出预期，系统过载；要么不及预期，大量资源被闲置。

云计算为上述问题提供了一个解决方案，即把信息化需要的基础设施作为一种服务来提供（Infrastructure as a Service，IaaS），就像生活领域的水电煤气服务一样，企业或家庭用户无须为获取这些资源而进行基础设施建设，比如自己挖井或自己用发电机发电，只要接入政府提供的生活服务网络，根据需要随时取用即可。同样的，企业用户需要计算资源时无须自行购买硬件，搭建 IDC，而是根据需要向云计算服务提供商购买即可。

2006 年，Google 首席执行官 Eric Schmidt 在搜索引擎大会（SES SanJose 2006）上首次提出了云计算（Cloud Computing）的概念。同年，亚马逊推出了公有云服务（Amazon Web Service），国外的一些互联网巨头，例如 Microsoft、VMWare 和 Google，国内的阿里巴巴、腾讯和华为也相继推出了云服务，一时间云计算从崭露头角很快就变得炙手可热，成为企业 IT 服务的首选。

对于企业用户而言，IT 服务建设不再意味着持有重资产，只需要根据自身的业务需要向云计算厂商购买计算资源或服务。对云厂商而言，把众多的需求汇聚在一起，能产生足够的规模效应，通过建立超大规模的资源池，并在此之上提供统一的、虚拟化的抽象界面。云实际上就是利用容器、虚拟化、编排调度和微服务等技术在多样化硬件上建立了一个庞大的操作系统，使得用户不再需要关注硬件差异化、生命周期管理、网络、高可用、负载均衡和安全等细节，同时利用资源池化的能力，如同一个庞大的算力蓄水池，利用不同业务在不同时段对算力的不同需求，辅以充分灵活的调度策略，为云上用户提供一个巨大的独特优势——弹性。

2.1.2 数据库作为一种服务

有了 IaaS 层作为基础，云计算服务提供商在此之上建立了更加丰富的层次，如平台即为服务（Platform as a Service，PaaS）和软件即为服务（Software as a Service，SaaS），为各种应用场景在云上找到了合适的舞台。

数据库作为重要的基础软件，很早就开始了上云之路，与操作系统、存储、中间件等组成了云上 PaaS 标准服务体系。各大云厂商大多都提供了云数据库服务，根据不同的服务形态，大体上可分为云托管、云服务和云原生三种形态。

1．云托管

云托管是最接近传统数据库系统的部署模式。本质上，云托管是将原本部署于 IDC 机房内物理服务器（也可能是虚拟出来的服务器）上的传统数据库软件部署在了云主机上。在这种部署模式下，数据库用户仅仅是将云服务供应商当成了一个 IDC 机房供应商，使用的是云服务供应商提供的以云主机为载体的"计算+存储"资源。在这种模式下，用户要自己负责整个数据库系统的可用性、安全性和性能。因此，客户拥有的数据库系统所必需付出的成本与在 IDC 中自建没有本质的区别，客户依然需要拥有自己的 IT 运维团队，需要有自己的数据库管理员，才能正常地使用数据库。在云托管模式下，客户必须凭借自己的技术能力才能获得一些企业级数据库管理系统能力，例如高可用、异地灾备、备份恢复、数据安全、SQL 审计、性能优化和状态监测等，而这些企业级能力依赖客户的数据库管理员团队来提供。因此，采用云托管模式的客户在核算总体拥有成本（Total Cost of Ownership，TCO）时，需要将这部分人力投入成本考虑在内，并需要具备管理数据库管理员团队的能力。

2．云服务

云服务比云托管模式更近一步，用户可以直接使用云服务厂商提供的数据库服务，而不用关心数据库管理软件具体的部署方式。在通常情况下，云服务厂商会提供多种传统的数据库服务，例如 MySQL、SQL Server 和 PostgreSQL，等等。用户可以直接使用云数据库服务的链接地址，采用 JDBC 或 ODBC 接口直接访问数据库。

以云服务模式对外提供服务的数据库管理系统通常也将企业级特性包括在内。云服务厂商在提供云数据库服务时，通常会提供对应的企业级特性，包括但不限于高可用、异地灾备、备份恢复、数据安全、SQL 审计、性能优化和状态监测等。此外，云数据库服务通常也会提供在线升级、缩扩容等服务，本质上这是一种云服务厂商提供的针对云数据库服务的资源管理能力。

云服务模式相比云托管模式的另一个改进在于用户无须拥有自己的数据库管理员或团队，通常由云服务提供商提供数据库的运维服务，比较优质的服务供应商甚至会提供包括数据模型设计、SQL 语句优化和性能压测等在内的专家服务。

3．云原生

云服务模式通过规模化的数据库运维服务、供应链管理能力，降低了单个客户对于数据库系统的总体拥有成本，使得传统的数据库用户得以享受到云计算带来的便利。然而，传统的数据库系统由于其架构的局限性，并不能完全发挥出云计算的优势。例如，云计算带来的资源按需使用、快速弹性扩展、高性能、高可用等，都受限于传统的数据库系统架构，而无法在云服务模式下充分对外提供。因此，云原生数据库应运而生。

云原生的概念最早由 Pivotal 公司在 2014 年提出，并在 2015 年组织成立了云原生计算基金会。关于云原生，至今并没有明确的定义。云原生是云计算时代新的团队文化、新的技术架构和新的工程方式。云原生指的是一个灵活的工程团队，遵循敏捷的研发原则，使用高度自动化的研发工具，开发专门基于并部署在云基础设施上的应用，以满足快速变化的客户需求。这些应用采用自动化的、可扩展的和高可用的架构。工程团队通过高效的云计算平台的运维来提供应用服务，并且根据线上反馈对服务进行不断的改进。

对应数据库领域，云原生的数据库服务应该包括基于云基础设施构建的数据库管理系统、高度灵活的数据库 DevOps（Software Development and IT Operations）团队，以及与之配套的云原生生态工具。从用户视角来看，云原生的数据库服务应该具备"计算存储分离""极致弹性""高可用""高安全""高性能"等核心能力；数据库服务具备智能化的自省能力，具体包括自感知、自诊断、自优化和自恢复等；借助云原生生态工具，能够实现数据的高安全、可监控和可流动；有一支遵循 DevOps 规约的数据库技术团队实现数据库服务的快速迭代与功能演进。

2.2　数据库在云原生时代面临的挑战

传统数据库架构依赖于高端硬件，每套数据库系统服务器少、架构相对简单，且无法支持新业务的扩展需求。云原生数据库采用分布式数据库架构，可实现大规模扩展，由于每套数据库系统横跨多台服务器和虚拟机，因此带来了全新的系统管理挑战[1]。其中，最核心的挑战就是如何实现弹性及高可用，即实现按需按量使用，让资源高效利用。更重要的是，虽然传统的大数据处理牺牲部分 ACID 换来的分布式水平拓展满足了很多场景中的需求，但是应用对 ACID 的需求一直存在，即使是在分布式并行计算的场景中，应用对 ACID 的需求也变得越来越强。因此，云数据库在分布式事务的协调、分布式查询的优化和强 ACID 特性的保证等方面，具有非常大的挑战。除此之外，云原生数据库面临的其他挑战有：

- 多服务器安装部署、自动化扩容带来的运维挑战。
- 复杂云环境下的实时监控、节点故障和性能问题的安全审计挑战。
- 多种数据库系统与其业务系统的管理挑战。
- 海量数据数据迁移的挑战。

2.3 云原生数据库的主要特点

2.3.1 分层架构

云原生数据库在架构设计上最显著的特点，即将原本一体运行的数据库进行拆解[3][4]。分层架构的处理流程分为计算服务层、存储服务层和共享存储层。其中，计算服务层负责解析 SQL 请求，并转化为物理执行计划。存储服务层负责数据缓存管理与事务处理，保证数据的更新和读取符合事务的 ACID 语义，在实现中不一定是物理分离的，可能一部分集成在计算服务层，一部分集成在共享存储层。共享存储层负责数据的持久化存储，利用分布式一致性协议保证数据的一致性与可靠性。

2.3.2 资源解耦与池化

在云原生时代，云基础设施通过虚拟化的技术实现资源池化。基于 2.3.1 节所述的分层架构，云原生数据库可以有效地将计算和存储资源解耦，从而分别扩展。因此在资源池化之后，云原生数据库可以按需按量使用、弹性调度资源。

在资源解耦进展上，目前业界是将 CPU 和内存绑在一起，和 SSD 持久化存储分开。但随着非易失存储技术和 RDMA 技术的成熟，下一步甚至会将 CPU 和内存进行隔离，内存再进行池化，形成三层池化，更好地帮助客户实现按需按量使用资源。

2.3.3 弹性伸缩能力

传统的中间件分库分表的方案和企业级的透明分布式数据库都会面临一个挑战：

在分布式架构下，数据只能按照一个逻辑进行分片（Sharding）和分区（Partition），业务逻辑和分库逻辑不是完美一致的，一定会产生跨库事务和跨分片处理，每当 ACID 要求较高时，分布式架构会带来较高的系统性能挑战。例如在高隔离级别下，如果分布式事务占比超过整个事务的 5%，那么系统吞吐量会有明显的损耗。完美的分库策略是不存在的，这是分布式业务需要解决的核心挑战，同时需要保证在这个架构数据的高一致性。

云原生的架构，在本质上，下层是分布式共享存储，上层是分布式共享计算池，中间层用于计算存储解耦，这样可以非常好地提供弹性高可用能力，做到分布式技术集中式部署，从而对应用透明。

2.3.4 高可用与数据一致性

分布式系统的多个节点通过消息传递进行通信和协调，其不可避免地会出现节点故障、通信异常和网络分区等问题。采用一致性协议可以保证在可能发生上述异常的分布式系统中的多个节点就某个值达成一致。

在分布式领域中，CAP 理论[2]认为任何基于网络的数据共享系统最多只能满足一致性（Consistency）、可用性（Availability）和分区容忍性（Partition Tolerance）三个特性中的两个。其中，一致性指更新操作完成后，各个节点可以同时看到数据的最新版本，各节点的数据完全一致；可用性指在集群的部分节点发生故障时，系统可以在正常响应时间内对外提供服务；分区容忍性指在遇到节点故障或网络分区时，系统能够保证服务的一致性和可用性。由于是分布式系统，网络分区一定会发生，天然地需要满足分区容忍性，因此需要在一致性和可用性之间做出权衡。在实际应用中，云原生数据库通常采用异步多副本复制的方式，例如 Paxos、Raft 等一致性协议，保证系统的可用性和最终一致性，以牺牲强一致性的代价换取系统可用性的提升。

在线上使用时，云原生数据库会提供不同的高可用策略。高可用策略是根据用户自身业务的特点，采用服务优先级和数据复制方式之间的不同组合，组合出适合自身业务特点的高可用策略。服务优先级有以下两种策略，可以方便用户在可用性和一致性之间做出权衡。

- RTO（Recovery Time Objective）优先：数据库应该尽快恢复服务，即可用时间最长。对于数据库在线时间要求比较高的用户，应该使用 RTO 优先策略。
- RPO（Recovery Point Objective）优先：数据库应该尽可能保障数据的可靠性，即数据丢失量最少。对于数据一致性要求比较高的用户，应该使用 RPO 优先策略。

2.3.5 多租户与资源隔离

多租户指一套系统能够支撑多个租户。一个租户通常是具有相似的访问模式和权限的一组用户，典型的租户是同一个组织或者公司的若干用户。要实现多租户，首先需要考虑的是数据层面的多租户。数据库层的多租户模型对上层服务和应用的多租户实现有突出影响。多租户通常有某种形式的资源共享，需要避免某个租户的业务"吃掉"系统资源，影响其他租户业务的响应时间。一般实现多租户会采用一租户一数据库系统，或者多租户共享同一个数据库系统，通过命名空间等方式隔离，但是这种模式运维和管理比较复杂。在云原生场景下，数据库可以为不同的租户绑定相应的计算和存储节点以实现资源的隔离和面向不同租户的资源调度。

2.3.6 智能化运维

智能化运维技术是云原生数据库的重要特性。云原生数据库一般通过简易的操作界面和自动化流程帮助用户快速完成常见的运维任务，并可以在多数任务下执行自动化操作：

- 支持自定义备份策略，通过复制实例恢复到任意时间点，找回误删数据。
- 自动在线热升级，及时修复已知 Bug。
- 资源和引擎双重监控，链接云监控自定义报警策略。
- 节点故障秒级探测，分钟级切换。
- 提供专家级自助式服务，可解决大部分场景的性能问题。

参 考 文 献

[1] LI F. Cloud-native database systems at Alibaba: Opportunities and challenges[J]. Proceedings of the VLDB Endowment, 2019, 12(12): 2263-2272.

[2] GILBERT S, LYNCH N. Brewer's conjecture and the feasibility of consistent, available, partition-tolerant web services[J]. Acm Sigact News, 2002, 33(2): 51-59.

[3] VERBITSKI A, GUPTA A, SAHA D, et al. Amazon aurora: Design considerations for high throughput cloud-native relational databases[C]//Proceedings of the 2017 ACM International Conference on Management of Data, 2017: 1041-1052.

[4] CORBETT J C, DEAN J, EPSTEIN M, et al. Spanner: Google's globally distributed database[J]. ACM Transactions on Computer Systems (TOCS), 2013, 31(3): 1-22.

第 3 章
云原生数据库架构

本章从三个方面介绍云原生数据库架构,首先简要概括云计算和数据库的本质,分析传统分布式数据库的不足之处与改进方法;其次介绍云原生数据库在架构方面的特点;最后用三个典型的云原生数据库作为例子,阐述各自的设计理念。

3.1 设计理念

3.1.1 云原生数据库的本质

在理解云计算趋势下的数据库形态及技术趋势之前,需要先探讨云计算和数据库的本质。

云计算在本质上是将各类信息技术基础资源"池化",将客户所需的计算、通信、存储资源纳入统一的资源池进行管理。用户在实际使用时,对于大型信息系统或信息基础设施的构建,用户无须自建机房、购买硬件设施、搭建基础网络、安装系统和软件等,极大地减少了前期的 IT 设施投入成本;同时,借助云计算资源的虚拟化和池化技术,用户拥有了基础设施弹性能力,能快速应对业务流量的变化。对于云服务提供商而言,规模化的资源供应、使用、运维和管理,也极大地提升了云服务提供商的技术、供应链管理等能力,从而形成了规模效应,大大提升了整体的资源利用率。

而对于数据库来说,可以从数据库的用户入手分析。用户使用数据库的目的,是希望借助数据库的计算和存储能力,完成数据的生产、存储、处理和消费的全链路过程。因此,从能力上来说,数据库系统必须要能为客户的数据生产、存储、处理和消费全链路提供功能性和非功能性需求支撑。传统的数据库系统软件是运行于冯·诺伊曼体系的硬件系统之上的。冯·诺伊曼体系的基本原理是"存储程序和程序控制":"存储程序"是指计算机运行的代码和数据都要有特定的地方进行保存;"程序控制"是指计算机按一定的逻辑顺序存取指令并有效执行。对应到数据库系统软件之上,数据库管理系统的本质就是用户希望借助数据库管理系统提供的"计算+存储"能力,通过计算节点的计算能力对存储中的数据进行用户指定的分析和计算来获得计算结果,最终实现数据的应用。

从数据库系统的本质来看,计算和存储以及各组件间的通信能力是数据库系统必须具备的。因此,在云计算时代下,如何借助云计算提供的强大的计算、存储和通信能力,实现数据库系统在各个层面的高可用、高性能、弹性和高安全性是目前业界研究的重点。不同的架构与云计算架构的契合度是不同的。对于单机版数据库,可以安装在一台云厂商提供的云服务器上，其计算和存储能力受限于云服务本身计算和存储能力的上限，而当前云服务器主流技术是虚拟化技术，因此可以认为单机版数据库如果部署在云主机上，符合如下性能限制公式：

$$数据库 < 云主机（容器）< 宿主机（物理机器）$$

因此，传统的单机版数据库管理系统部署在云主机上，其实只是把云主机当成普通服务器在用，并不能充分地利用云计算的优势。比单机版更进一步的是分布式的数据库管理系统，后者可以根据计算复杂度和存储规模，增加适当的节点，满足计算和存储要求，因此在一定程度上满足了可扩展性的要求。但是对于集群中的单个节点，其处理瓶颈依然满足上述公式。尽管大多数数据库可以在云中运行，但想要充分体现和利用云平台的优势还要取决于数据库的体系架构。从长远来看，在云计算平台上设计、构建和运行数据库系统能够获得更大的价值，而设计出符合云计算的资源弹性管理特征的数据库系统架构才是云原生数据库的本质。

3.1.2　计算与存储分离

传统的分布式数据库"弹性"能力不足、单节点存在瓶颈的缺陷是由于单节点计算和存储的"绑定"造成的。因此，一类解决方案就是寻求"计算与存储分离"的技术架构。目前来看，真正的云原生数据库通常是向计算和存储分离架构方面发展的。而各个云厂商在实现计算和存储分离架构时，通常是将 CPU 和内存绑定在一起，并和 SSD/HDD 等持久化存储分开。随着非易失性存储器（Nonvolatile Memory，NVM）技术的成熟，未来可能会再将 CPU 和内存隔离，对内存资源进行池化，从而形成三层资源池化，更好地帮助客户实现按需按量使用资源。

按照冯•诺伊曼体系结构，整个数据库系统可以抽象为"计算、通信、存储"三层架构，云原生数据库可以确保各个层次架构的资源独立扩展。对于计算、通信资源而言，其都是一种"无状态"的基础设施，因此在缩扩容时，可以做到快速地启动和关闭节点，充分利用云计算的弹性能力。存储层则是彻底的"池化"，完全按需使用。在具体的处理技术上，计算层无状态，只处理业务逻辑，不持久化存储数据，主要关注分布式计算技术，包括但不限于分布式事务处理、大规模并行计算、分布式资源调度等；存储层只存储数据，不处理业务逻辑，主要关注分布式场景下的数据一致性、安全性及多模数据存储模型等。

综上，在云计算时代，对数据库系统架构提出了新的课题与挑战。云原生数据库系统的设计理念是其各个核心组件需要能够充分利用云计算资源池化的特性，构建更高效、更安全的数据服务。从技术实现上来看，就是需要在确保安全可靠和正确性的前提下，区分有状态的存储资源和无状态的计算资源，分别采用不同的资源调度和利用策略，尽量减少数据的移动，减少附加的计算、存储和通信开销。同时，在编程接口上，尽量使用和传统数据库系统兼容的接口，使用户的学习曲线更加平滑，让用户可以更加简便、快捷地完成数据生产、存储、处理和消费的全链路过程。

3.2 架构设计

云原生数据库在架构设计上最显著的特点，是将原本一体运行的数据库拆解，让计算、存储资源完全解耦，使用分布式云存储替代本地存储，将计算层变成无状态（Serverless）。云原生数据库将承载每层服务的资源池化，独立、实时地伸缩资源池的大小，以匹配实时的工作负载，使得资源利用率最大化。

如图 3-1 所示，客户端发送的 SQL 请求会经过一层代理服务器进行分发，这层代理一般是一个简单的负载均衡服务，可以直接转发给计算服务层中的任意节点处理。计算服务层负责解析 SQL 请求，并转化为物理执行计划，物理执行计划的执行，涉及事务处理和数据存取的部分，由存储服务层执行。存储服务层负责数据缓存管理与事务处理，如同第 1 章中提到的，以数据页面的方式管理和组织数据，保证数据页的更新和读取符合事务的 ACID 语义。在实现中不一定是物理分离的，可能一部分集成在计算服务层，一部分集成在共享存储层中。

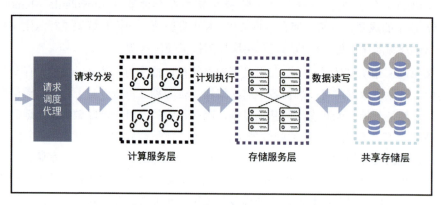

图 3-1 云原生数据库分层设计架构

共享存储层负责数据页的持久化存储，并保证数据库数据的高可用。通常，共享存储层实现采用分布式文件系统，利用多副本、分布式一致性协议保证数据的一致性与可靠性。存储和计算分层的架构好处显而易见，各层可以独立弹性伸缩，达到资源理论上的最优配置。再者，得益于共享存储设计，所有计算节点看到的数据视图都是完整的，计算能力的扩展可以做到实时生效，无须像其他采用大规模并行处理（Massively Parallel Processing，MPP）架构的数据库一样进行大量数据搬迁。但这同样带来一个问题，如果存储服务层每个节点都处理写事务，那么必然会有概率产生数据冲突，而跨节点的数据冲突处理需要大量网络通信和复杂的处理算法，会产生较高的处理代价，所以一些云原生数据库在实现时为了简化实现，往往指定其中一个节点为更新节点，其他作为只读节点。只读节点需要根据事务隔离的语义提供一致性数据页面的读取。共享存储层不等同于一般意义上的分布式文件系统，如 Google 文件系统（Google File System，GFS）、Hadoop 分布式文件系统（Hadoop Distributed File System，HDFS），更多的是为适应数据库的段页式结构来设计的。数据块大小的选择会更多地考虑数据库的 I/O 模式，更重要的是共享存储层里集成了数据的日志回放逻辑，利用分布式能力增加并发度，提升页面更新的性能。

不同的云原生数据库使用的分层逻辑会有所不同。大部分云原生数据库将 SQL 语句解析、物理计划执行、事务处理等都放在一层，统称为计算层。而将事务产生的日志、数据的存储放在共享存储层，统称为存储层。在存储层，数据采用多副本确保数据的可靠性，并通过 Raft 等协议保证数据的一致性。

3.3 典型的云原生数据库

3.3.1 AWS Aurora

Aurora[1][2]是亚马逊云服务（Amazon Web Services，AWS）推出的云原生数据库服务，在 MySQL 的基础上实现了存储计算分离架构，主要面向联机事务处理（On-Line Transaction Processing，OLTP）场景，Aurora 的整体架构如图 3-2 所示。Aurora 基本设计理念是在云环境下，数据库的最大瓶颈不再是计算或者存储资源，而是网络，因此，Aurora 基于一套存储计算分离架构，将日志处理下推到分布式存储层，通过架构上的优化来解决网络瓶颈。存储节点与数据库实例（计算节点）松耦合，并包含部分计算功能。Aurora 体系下的数据库实例仍然包含了大部分核心功能，例如查询处理、事务、锁、缓存管理、访问接口和 Undo 日志管理等；但 Redo 日志相关的功能已经下推到存储层，包括日志处理、故障恢复和备份还原等。Aurora 相对于传统数据库有三大优势，首先，底层数据库存储是一个分布式存储服务，可以轻松应对故障；其次，数据库实例在底层存储层只写 Redo 日志，因此数据库实例与存储节点之间的网络压力大大减小，这为提升数据库性能提供了保障；第三，将部分核心功能（故障恢复和备份还原）下推到存储层，这些任务可以在后台不间歇地异步执行，并且不影响前台用户任务。

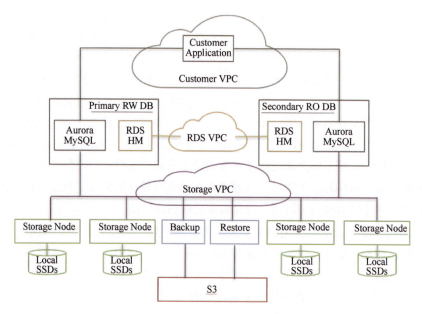

图 3-2　Aurora 的整体架构[1]

1．传统数据库写放大问题

传统数据库存在严重的写放大问题，以单机 MySQL 为例，执行写操作会导致日志落盘，同时后台线程也会异步地将脏数据刷盘。另外，为了避免页断裂，进行刷脏页的过程还需要将数据页写入 Double-Write 区域。如果考虑生产环境中的主备复制，如图 3-3 所示，AZ（Availablity Zone）1 和 AZ 2 分别部署一个 MySQL 实例做同步镜像复制，底层存储采用 EBS（Amazon Elastic Block Store），并且每个 EBS 还有自己的一份镜像，另外部署 S3（Amazon Simple Storage Service）进行 Redo 日志和 Binlog 日志归档，以支持基于时间点的恢复。从流程上来看，每个步骤都需要传递 5 种类型的元数据，包括 Redo、Binlog、Data-Page、Double-Write 和 Frm。由于是基于镜像的同步复制，因此图中的步骤是①、③、⑤顺序执行的。这种模型的响应时间非常糟糕，因为要进行 4 次网络 I/O，且其中 3 次是同步串行的。从存储角度来看，数据在 EBS 上存了 4 份，因此需要 4 份都写成功才能返回。所以在这种架构下，无论是 I/O 量还是串行化模型都会导致性能非常糟糕。

为了减少网络 I/O，在 Aurora 中，所有的写类型只有一种，就是 Redo 日志，任何时候都不会写数据页。存储节点接收 Redo 日志，基于旧版本数据页回放日志，可以得到新版本的数据页。为了避免每次都从头开始回放数据页变更产生的 Redo 日志，存储节点会定期物化数据页版本。如图 3-4 所示，Aurora 由跨 AZ 的一个主实例和多个副本实例组成，主实例与副本实例或存储节点间只传递 Redo 日志和元信息。主实例并发向 6 个存储节点和副本实例发送日志，当 4/6 的存储节点应答后，则认为日志已经持久化，对于副本实例，则不依赖其应答时间点。从 Sysbench 测试（100GB 规模、只写场景、压力测试 30 分钟）的数据来看，Aurora 是基于镜像的 MySQL 吞吐能力的 35 倍，每个事务的日志量比基于镜像的 MySQL 的日志量要少 0.12%左右。在故障恢复速度方面，传统数据库宕机重启后，从最近的一个检查点开始恢复，读取检查点后的所有 Redo 日志并进行回放，确保已经提交的事务对应的数据页得到更新。在 Aurora 中，Redo 日志相关的功能下推到存储层，回放日志的工作可以一直在后台做。对于任何一次磁盘 I/O 读操作，如果数据页不是最新版本，都会触发存储节点回放日志，得到新版本的数据页。因此类似于传统数据库的故障恢复操作实质在后台不断地进行，而真正进行故障恢复时，需要做的事情很少，所以故障恢复的速度非常快。

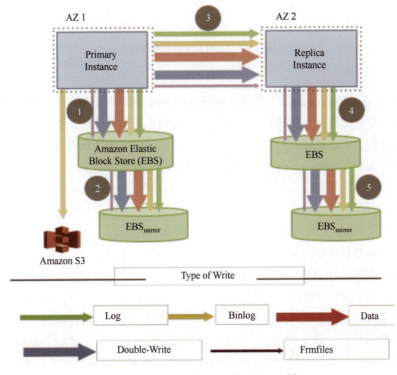

图 3-3　镜像 MYSQL 中的网络 I/O[1]

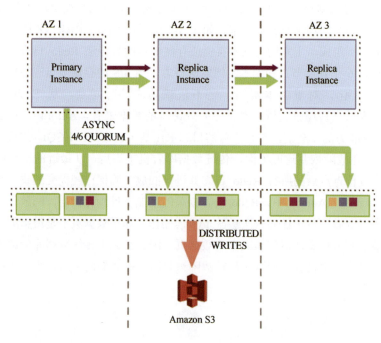

图 3-4　Aurora 中的网络 I/O

2．存储服务设计

Aurora 存储服务设计的一个关键原则是减少前台用户写的响应时间,因此将尽可能多的操作移到后台异步执行,并且存储节点会根据前台的请求压力,自适应分配资源做不同的工作。例如,当前台请求很繁忙时,存储节点会减缓对旧版本数据页的回收。在传统数据库中,后台线程需要不断地推进检查点,避免故障恢复时间消耗的时间过长,因此会影响前台用户的请求处理能力;对于 Aurora 而言,分离的存储服务层使得后台线程推进检查点动作完全不影响数据库实例,并且推进得越快,越有利于前台的磁盘 I/O 读操作(减少了回放日志过程)。

为了保证数据库的可用性和正确性,Aurora 存储层的复制基于 Quorum 协议。假设复制拓扑中有 V 个节点,每个节点有一个投票权,读或写必须拿到 V_r 或 V_w 个投票才能返回。为了满足一致性,需要满足两个条件,首先 $V_r + V_w > V$,这保证了每次读操作都能读到拥有最新数据的节点;第二,$V_w > V/2$,每次写操作都要保证能获取到上次写的最新数据,避免写冲突。例如 $V=3$,那么为了满足上述两个条件,$V_r=2$,$V_w=2$。为了保证各种异常情况下的系统高可用,Aurora 的数据库实例部署在 3 个不同的 AZ 上,每个 AZ 包含了 2 个副本,总共 6 个副本。每个 AZ 相当于一间机房,是一个独立的容错单元，包含独立的电源系统、网络和软件部署等。结合 Quorum 模型以及前面提到的两条规则，$V=6$，$V_w=4$，$V_r=3$，Aurora 可以容忍任何一个 AZ 出现故障，不会影响写服务；任何一个 AZ 出现故障，或另外一个 AZ 中的一个节点出现故障，都不会影响读服务且不会丢失数据。

通过 Quorum 协议，Aurora 可以保证只要 AZ 级别的故障（火灾、洪水和网络故障）和节点故障（磁盘故障、掉电和机器损坏）不同时发生，就不会破坏协议本身，数据库的可用性和正确性就能得到保证。如果想要数据库"永久可用"，则问题变成如何降低两类故障同时发生的概率。由于特定故障发生的频率（Mean Time To Fail，MTTF）是一定的，为了减少故障同时发生的概率，可以想办法提高故障的修复时间（Mean Time To Repair，MTTR）。Aurora 将存储分片管理，每个分片 10GB，6 个 10GB 副本构成一个 PGs（Protection Groups）。Aurora 存储由若干 PGs 构成，这些 PGs 实际上是由 EC2（Amazon Elastic Compute Cloud）服务器+本地 SSD 磁盘组成的存储节点构成的，目前 Aurora 最多支持 64TB 的存储空间。分片后，每个分片作为一个故障单位，在 10Gb/s 网络下，一个 10GB 的分片可以在 10s 内恢复。因此，当且仅当 10s 内 2 个以上分片同时出现故障时，才会影响数据库服务的可用性，实际上这种情况基本不会出现。通过分片管理，巧妙地提高了数据库服务的可用性。

Aurora 写基于 Quorum 模型，存储分片后，按片达到多数派即可返回，由于分布足够离散，少数的磁盘 I/O 压力大也不会影响整体的写性能。如图 3-5 所示，图中详细介绍了主要的写流程：①存储节点接收数据库实例的日志，并追加到内存队列；②将日志在本地持久化成功后，给实例应答；③按分片归类日志，并确认丢失了哪些日志；④与其他存储节点交互，填充丢失的日志；⑤回放日志生成新的数据页；⑥周期性地备份数据页和日志到 S3 系统；⑦周期性地回收过期的数据页版本；⑧周期性地对数据页进行 CRC 校验。上述所有写相关的操作，只有第①和第②步是串行同步的，会直接影响前台请求的响应时间，其他操作都是异步的。

3．一致性原理

目前市面上几乎所有的数据库都采用预写日志（Write Ahead Logging，WAL）模型，任何数据页的变更，都需要先写修改数据页对应的 Redo 日志，Aurora 基于 MySQL 改造当然也不例外。在实现中，每条 Redo 日志拥有一个全局唯一的日志序列号（Log Sequence Number，LSN）。为了保证多节点数据的一致性，Aurora 并没有采用 2PC 协议，因为 2PC 对错误的容忍度太低，取而代之的是，基于 Quorum 协议来保证存储节点的一致性。由于在生产环境中，各个节点可能会缺少部分日志，各个存储节点利用 Gossip 协议补全本地的 Redo 日志。在正常情况下，数据库实例处于一致性状态,读取磁盘 I/O 时,只需要访问 Redo 日志全的存储节点即可;但在故障恢复过程中,需要基于 Quorum 协议进行读操作,重建数据库运行时的一致状态。在数据库实例中活跃着很多事务,事务的开始顺序与提交顺序也不尽相同。当数据库异常宕机重启时,数据库实例需要确定每个事务最终要提交还是回滚。为了保证数据的一致性,在 Aurora 中对存储服务层 Redo 日志定义了如下几个概念:

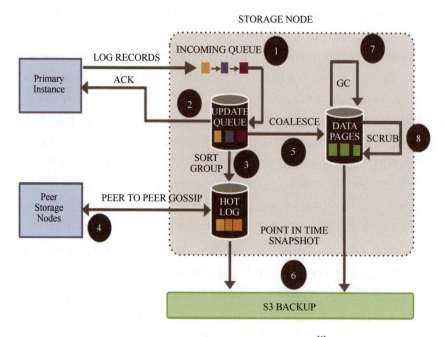

图 3-5 Aurora 存储节点中的 I/O 流向[1]

- 卷完整点(Volume Complete LSN,VCL)。表示存储服务拥有 VCL 之前的所有完整的日志。在故障恢复时,所有 LSN 大于 VCL 的日志都要被截断。

- 一致性点(Consistency Point LSNs,CPLs)。对于 MySQL(InnoDB)而言,每个事务在物理上由多个 Mini-Transaction 组成,而每个 Mini-Transaction 是最小原子操作单位,例如 B 树分裂可能涉及多个数据页的修改,那么这些页修改对应的一组日志就是原子的,当重做日志时,也需要以 Mini-Transaction 为单位。CPL 表示一组日志中最后一条日志的 LSN,一个事务由多个 CPL 组成,所以称之为 CPLs。

- 卷持久点(Volume Durable LSN,VDL)。表示所有 CPLs 中已持久化的最大 LSN,VDL≤VCL,为了保证不破坏 Mini-Transaction 原子性,所有大于 VDL

的日志都需要被截断。例如，VCL 是 1007，假设 CPLs 是 900、1000、1100，则 VDL 是 1000，那么需要截断 1000 以后的日志。VDL 表示了数据库处于一致状态的最新位点，在故障恢复时，数据库实例以 PG 为单位确认 VDL，截断所有大于 VDL 的日志。

4．故障恢复

大多数数据库基于经典的 ARIES 协议处理故障恢复，通过 WAL 机制确保发生故障时已经提交的事务持久化，并回滚未提交的事务。这类系统通常会周期性地设置检查点，并将检查点信息计入日志。当发生故障时，数据页中可能同时包含了提交和未提交的数据，因此，在故障恢复时，系统首先需要从上一个检查点开始回放日志，将数据页恢复到发生故障时的状态，然后根据 Undo 日志回滚未提交事务。从故障恢复的过程来看，故障恢复是一个比较耗时的操作，并且与检查点操作频率强相关。通过提高检查点频率，可以减少故障恢复时间，但是这会直接影响系统处理前台请求，所以需要在检查点频率和故障恢复时间之间做一个权衡，而在 Aurora 中不需要做这种权衡。

在传统数据库中，故障恢复过程通过回放日志推进数据库状态，重做日志时整个数据库处于离线状态。Aurora 也采用类似的方法，区别在于将回放日志逻辑下推到存储节点，并且在数据库在线提供服务时在后台常态运行。因此，当出现故障重启时，存储服务能快速恢复，即使在 10 万 TPS 的压力下，也能在 10s 内恢复。数据库实例宕机重启后，需要故障恢复来获得运行时的一致状态，实例与 V_r 个存储节点通信，这样能确保读到最新的数据，并重新计算新的 VDL，超过 VDL 部分的日志都可以被截断丢弃。在 Aurora 中，对新分配的 LSN 范围做了限制，LSN 与 VDL 差值的范围不能超过 10 000 000，这主要是为了避免数据库实例上堆积过多的未提交事务；因为数据库回放完 Redo 日志后还需要做 Undo 恢复，将未提交的事务进行回滚。在 Aurora 中，收集完所有活跃事务后即可提供服务，整个 Undo 恢复过程可以在数据库 Online 后再进行。

3.3.2 PolarDB

PolarDB[3, 4]是阿里云自研的云原生数据库，完全兼容 MySQL，采用计算存储分离架构，使用高性能网络远程直接数据存取（Remote Direct Memory Access，RDMA）构建分布式共享存储 PolarStore，整体架构如图 3-6 所示。PolarDB 采用了存储与计算分离的设计理念，满足公有云计算环境下用户业务弹性扩展的刚性需求。数据库计算节点和存储节点之间采用高速网络互联，并通过 RDMA 协议进行数据传输,使得 I/O 性能不再成为瓶颈。数据库节点采用和 MySQL 完全兼容的设计。主节点和只读节点之间采用 Active-Active 的失效转移（Failover）方式,提供数据库的高可用服务。数据库的数据文件、Redo 日志等通过用户空间（User-Space）用户态文件系统,经过块设备数据管理路由,依靠高速网络和 RDMA 协议传输到远端的 Chunk Server。同时数据库实例之间仅需同步 Redo 日志相关的元数据信息。Chunk Server 的数据采用多副本确保数据的可靠性,并通过 Parallel-Raft 协议保证数据的一致性。

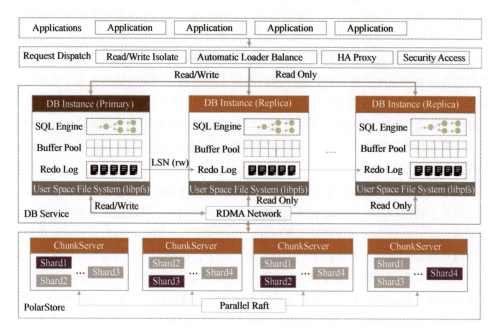

图 3-6　PolarDB 整体架构

1．物理复制

MySQL Binlog 记录了元组（Tuple）行级别的数据变更,而在 InnoDB 引擎层,为了支持事务 ACID,也保留了一份 Redo 日志,存储基于文件物理页面的修改。

这样 MySQL 的一个事务处理默认至少需要调用两次 Fsync() 进行日志的持久化操作,这对事务处理的系统响应时间和吞吐性能造成了直接的影响。尽管 MySQL 采用了 Group Commit 的机制提升高并发下的吞吐量,但并不能完全消除 I/O 瓶颈。此外,由于单个数据库实例的计算和网络带宽有限,一种典型的做法是通过搭建多个只读实例分担读负载来实现水平扩展。PolarDB 通过将数据库文件以及 Redo 日志等存放在共享存储设备上,非常讨巧地解决了只读节点和主节点的数据复制问题。由于数据共享,只读节点的增加无须再进行数据的完全复制,通过共用一份全量数据和

Redo 日志，只需要同步元数据信息，并支持基本的多版本并发控制（Multi-Version Concurrency Control，MVCC），从而保证数据读取的一致性即可。这使得系统在主节点发生故障进行故障转移（Failover）时，切换到只读节点的故障恢复时间能缩短到 30s 以内，系统的高可用能力得到进一步增强。而且只读节点和主节点之间的数据延迟也可以降低到毫秒级别。从并发的角度来看，目前使用 Binlog 复制只能按照表级别并行复制，而物理复制按照数据页维度进行复制，粒度更细，并行效率更高。通常，在不需要 Binlog 作为逻辑上的容灾备份或数据迁移的情况下，Binlog 可以关闭。系统使用 Redo 日志来实现复制，以此减少对性能的影响。总之，在 I/O 路径中，通常越往底层，越容易和上层的业务逻辑以及状态解耦而降低系统复杂度。而且这种 WRL 大文件读写的 I/O 方式也非常适用于分布式文件系统的并发机制，为 PolarDB 带来并发读性能的提高。

2．高速网络下的 RDMA 协议

RDMA 是在高性能计算（High Performance Computing，HPC）领域使用多年的技术手段，现在则被使用到云计算领域。RDMA 通常需要支持高速网络连接的网络设备，如交换机、网络接口控制器（Network Interface Controller，NIC）等，通过特定的编程接口，和 NIC Driver 通信。并且通常以 Zero-Copy 的技术来达到数据在 NIC 和远端应用内存之间高效率低延迟的传递，而不用通过中断 CPU 的方式将数据从内核态拷贝到应用态，从而极大地降低了性能的抖动，提高了整体系统的处理能力。PolarDB 中计算节点和存储节点之间采用高速网络互联，并通过 RDMA 协议传输数据，使得 I/O 性能不再成为瓶颈。

3．基于快照的物理备份

快照（Snapshot）是一种流行的基于存储块设备的备份方案，其本质是采用 Copy-On-Write 的机制，通过记录块设备的元数据变化，对于发生写操作的块设备进行写复制，将写操作内容改动到新复制出的块设备上，来实现恢复数据到快照时间点的目的。Snapshot 是一个典型的基于时间以及写负载模型的后置处理机制。也就是说，在创建 Snapshot 时，并没有备份数据，而是把备份数据的负载均分到创建 Snapshot 之后实际写数据发生的时间窗口，以此实现备份、恢复的快速响应。PolarDB 提供基于 Snapshot 以及 Redo 日志的机制，在按时间点恢复用户数据的功能上，比传统的全量数据结合 Binlog 增量数据的恢复方式更加高效。

4．用户态文件系统

谈到文件系统，就不得不提到 IEEE 发明的 POSIX 语义（POSIX.1 已经被 ISO 所接受），就像说到数据库要谈到 SQL 标准。通用分布式文件系统实现的最大挑战是

在完全兼容 POSIX 标准的基础上提供强劲的并发文件读写性能。可是 POSIX 的兼容势必会牺牲一部分性能来获得对标准的完全支持，同时系统实现的复杂度也极大地增加。这既是通用设计和专有设计的取舍和区别，也是易用性和性能之间的平衡。

分布式文件系统是 IT 行业经久不衰的技术，从 HPC 时代、云计算时代、互联网时代到大数据时代，一直在推陈出新，严格来说应该是针对不同应用 I/O 场景涌现出很多定制化的实现。

不过当只服务于专门的 I/O 场景时，不适用 POSIX 也不是什么问题。这一点，和从 SQL 到 NoSQL 的发展如出一辙。支持 POSIX 的文件系统，需要实现兼容标准文件读写操作的系统调用接口，这样对于用户而言，就无须修改 POSIX 接口以实现文件操作应用程序。这样一来就要求通过 Linux VFS 层铆接具体的文件系统内核实现。这也是导致文件系统工程实现难度加大的原因之一。

对于分布式文件系统而言，内核模块还必须和用户态的 Daemon 进行数据交换，以达到数据分片以及通过 Daemon 进程传送到其他机器上的目的。而 User-Space 文件系统提供用户使用的专用应用程序接口（Application Programming Interface，API），不用完全兼容 POSIX 标准，也无须在操作系统内核进行系统调用的 1∶1 映射对接，直接在用户态实现文件系统的元数据管理和数据读写访问支持即可，实现难度大大降低，并且更加有利于分布式系统的进程间通信。

3.3.3　Microsoft Socrates

Socrates[5]是一种数据库即服务（DataBase-as-a-Service，DBaaS）模式的新型云上 OLTP 数据库，已用于微软 SQL Server 中。Socrates 同样采用了存储计算分离的思想，并且将日志的存储从整体存储层（日志+数据页）分离出来，单独作为一级的存储模块。传统数据库通常是维护数据的多个副本，将持久性和高可用耦合在一起，而两者依赖的必要条件并不完全重合。对于持久化来讲，日志需要写入固定副本数事务才可以提交，而数据页快速复制和恢复使系统能够在故障出现时提供良好的服务质量，从而保证系统较高的可用性。Socrates 将日志和数据页分开存储意味着将数据库的持久性实现（由日志实现）和可用性（由数据页和计算层实现）进行解耦，解耦后有利于数据库使用最合适的机制处理任务。从整体上来看，Socrates 的架构如图 3-7 所示，由四层组成：分别为计算层、XLOG 日志服务层、Page Server 存储层和 XStore 存储层。

1．计算层

与 PolarDB 类似，Socrates 目前是一写多读的架构，在计算层只有一个节点能够处理所有的读写事务，但允许多个只读节点处理只读事务。在主节点出现故障时，可以随时从只读节点列表中选择一个节点作为主节点（支持读写）。Socrates 中主节点无须知道其他节点以及日志的存储位置，只需处理读写事务以及生成日志记录。由于主节点只将较热的那部分数据放入内存和 SSD（RBPEX）中，因此需要通过 GetPage@LSN 机制检索没有被缓存到本地的数据页。GetPage@LSN 机制是一个远程过程调用（Remote Procedure Call，RPC）机制，向 Page Server 发送 GetPage(pageId，LSN)请求，其中 pageId 唯一地标识主节点需要读取的页，LSN 标识一个 Page 的日志序列号，值与页面的最大 LSN 相同。同样地，只读节点也使用 GetPage@LSN 机制来获取没有被缓存到本地的数据页。特别的是，Socrates 中主节点与只读节点之间没有交互，所有的日志由主节点发送给 XLog Service 后，再由 XLog Service 通过广播的形式分发给各个只读节点，每个只读节点收到日志后进行回放。由于只读节点并没有保存数据库完整的备份，可能会处理到不在它自己 Buffer 中的与 Page 相关联的日志记录（不在 Memory 和 SSD 中）。针对这种场景，目前有两种不同的处理策略：一种是从 Page Server 中获取 Page 并且回放日志，在这种方式下，只读节点和主节点之间

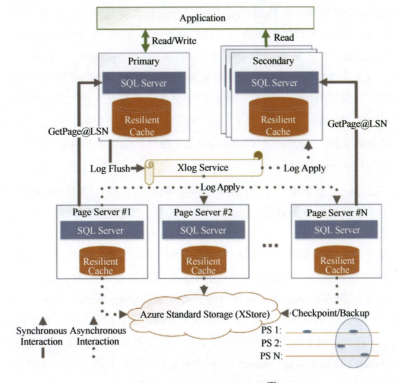

图 3-7　Socrates 整体架构[5]

的缓存数据大致保持一致,当主节点出现故障后,只读节点能够平滑地切换成主节点,性能更加稳定;另外一种策略是忽略涉及未缓存页面的日志记录。Socrates 当前采用的正是第二种策略。

2．XLOG 日志服务层

图 3-8 展示了 XLOG Service 的内部结构。日志块从主节点同步写入 LZ（Landing Zone）。当前版本的 Socrates 使用 Azure 的高级存储服务（XIO）作为 LZ 的存储载体,为了保证持久性,XIO 保留所有数据的三个副本。主节点还将日志异步地传送到 XLOG Process,此进程进一步将日志发送到只读节点和 Page Servers。在将日志块并行地发送到 LZ 和 XLOG Process 时,数据有可能在 LZ 持久化之前就到达只读节点,从而在发生故障时产生数据不一致或丢失的现象。为了避免这种情况,XLOG 只传播已经在 LZ 中持久化的日志。XLog Process 首先将日志存放在 Pending Blocks 中,同时主节点会通知哪些日志块已经被持久化,XLog Process 会将已经持久化的日志块从 Pending Blocks 移动到 LogBroker 用于向只读节点和 Page Serves 广播分发。在 XLOG Process 内部还有一个 Destaging 进程,该进程会将已经持久化的日志块复制到固定大小的本地 SSD 缓存以实现快速访问,并且还会复制一份到 XStore 进行长期归档保留,Socrates 将日志块的这种长期存档称为 Long-Term Achieve（LT）。在 Socrates 中,LZ 和 LT 保留了所有的日志数据,从而达到了数据库持久性的要求。LZ 是一种低延迟、昂贵的服务,有利于快速提交事务,通常只保留 30 天的日志记录,用于指定时间点的恢复。XStore（LT）采用廉价存储,价格便宜、耐用,但速度慢,适用于存储海量数据,这种分层存储结构满足了性能的需要和成本的要求。

3．Pages Servers 存储层

Page Servers 主要负责三方面内容:①响应来自计算节点的 GetPage 请求;②通过回放日志维护数据库分区数据;③记录检查点并向 XStore 备份。每个 Page Server 只存储了数据库的数据页面,在回放日志时,Page Server 只需要关心对应分区相关的日志块。为此,主节点为每个日志块增加充分的注释信息,标明日志块中的日志记录需要应用到哪些分区中,XLOG 利用这些过滤信息将相关的日志块分发到对应的 Page Server 中。在 Socrates 中可以使用两种方法添加 Page Server 的个数来提高系统的可用性。一种是使用更加细粒度的 Sharding 策略,这样由于每个 Page Server 对应的分区较小,因此分区平均恢复时间也较小,可用性得到提高。根据现今的网络和硬件参数,Socrates 计算出 Page Server 较好的分区大小为 128GB。另一种方式是为现有的 Page Server 添加一个备份的 Page Server。当 Page Server 出现故障时,备份的 Page Server 能够立即提供服务,可用性得到提高。

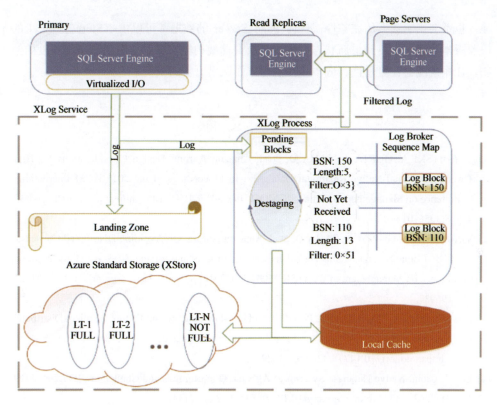

图 3-8　XLOG Service 内部结构[5]

4．XStore 存储层

XStore 是一个基于硬盘、跨可用性区域的高度复制的存储系统，数据很少丢失，保证了数据持久性。在 Socrates 架构中，XStore 扮演了传统数据中磁盘存储一样的角色，而计算节点和 Page Server 的内存和 SSD 缓存（Resilient Buffer Pool Extension，RBPEX）承担了传统数据库主存储的角色。Page Server 会定期地将修改的数据页发送到 XStore 中，Socrates 利用 XStore 的快照特性能够通过简单地记录一个时间戳创建备份。当用户请求某个时间点还原操作（Point-In-Time Recovery，PITR）时，Socrates 需要从 XSTore 中获取在 PITR 之前的完整快照，以及这组快照从其还原时间到请求的时间所需的日志范围。

Socrates 将整个数据库分成多个服务层，每个服务层都有自己的生命周期，并且在通信上尽可能异步。与其他云原生数据库不同的是它将持久性和可用性分开，其中 XLog 和 XStore 保证了系统的持久性，计算层和 Page Servers 保证了系统的可用性。在 Socrates 中，计算层和 Page Servers 是无状态的，这意味着即使它们的节点出现故障，也不会影响数据的完整性，任何 Page Server 的数据都可以由 XStore/XLog 上的快照版本和日志恢复到最新状态。这种分层存储架构能够提供更灵活和更细粒度的控制，让系统能够在可用性、成本和性能等方面做出更多的权衡。

参 考 文 献

[1] VERBITSKI A, GUPTA A, SAHA D, et al. Amazon Aurora: Design Considerations for High Throughput Cloud-Native Relational Databases. In Proceedings of the 2017 ACM International Conference on Management of Data (SIGMOD '17), 2017: 1041–1052. https://doi.org/10.1145/3035918.3056101.

[2] VERBITSKI A, GUPTA A, SAHA D, et al. Amazon Aurora: On Avoiding Distributed Consensus for I/Os, Commits, and Membership Changes. In Proceedings of the 2018 ACM International Conference on Management of Data (SIGMOD'18), 2018: 8. pages. https://doi.org/10.1145/3183713.3196937.

[3] CAO W, LIU Z J, WANG P, et al. PolarFS: An Ultra-low Latency and Failure Resilient Distributed File System for Shared Storage Cloud Database. In Proceedings of the VLDB Endow,2018:1849–1862. https://doi.org/10.14778/3229863.3229872.

[4] LI F F. Cloud-Native Database Systems at Alibaba: Opportunities and Challenges. PVLDB, 2019, 12(12): 2263 – 2272. https://doi.org/10.14778/3352063.3352141.

[5] ANTONOPOULOS P, BUDOVSKI A, DIACONU C, et al. Socrates: The New SQL Server in the Cloud. In Proceedings of the 2019 ACM International Conference on Management of Data (SIGMOD'19), 2019: 14. https: //doi.org/10.1145/3299869.3314047.

第 4 章
存储引擎

存储引擎为数据存储在文件（或内存）中提供了技术实现。存储引擎可使用不同的存储机制、索引技巧、锁方法并提供广泛的功能。本章首先从存储引擎的数据组织、并发控制、日志与恢复三个方面介绍相关的基本概念与技术；随后介绍了 PolarDB 的存储引擎 X-Engine，并针对其特点与优势进行了详细的分析。

4.1 数据组织

数据库的数据存储组织方式是由目标存取效率决定的。面对不同的业务场景，数据组织的侧重点也有所不同。数据在磁盘上以文件的形式存储，一般采用定长的页面（Page）管理数据，每个页面都有唯一的标识，数据库管理系统（DataBase Management System，DBMS）会维护页面 ID 到物理地址的映射关系，不同数据库的页面大小不同，通常对齐磁盘扇区（Sector）大小，例如 8K、16K，从而便于装载到内存的缓冲区管理。

不同的存储引擎组织页面的方式也不同，目前比较常用的方式是堆文件组织（Heap File Organization）方式。页面作为基本单位，记录在磁盘上的存放是没有顺序的，以链表或目录的形式组织数据，例如 MySQL 的默认存储引擎 InnoDB B+树索引的实现。

还有另一种流行的组织方式是日志结构化的文件组织（Log Structued File Organization）方式。这种方式以追加的形式将数据存储记录到数据库中，通过合并排序小块存储区域组织数据，例如基于 LSM 树的 LevelDB、HBase 和 RocksDB 都是以这种形式存储数据的。

在存储结构的内部，数据的组织方式又可分为不可变存储结构与可变存储结构。不可变存储结构不允许修改已有文件，即文件自创建以后便无法被修改，新的记录只能被附加到新的文件中。可变存储结构则可直接修改原有磁盘上的记录。这两种组织方式有其各自适用的场景，对于可变存储结构来说，由于每一次写操作都需要定位数据在磁盘中的位置，然后才能修改记录，且大多数 I/O 都是随机的，因此写操作的开销相对较大。与此同时，可变存储结构带来的好处在于查询效率相对较高。因此，可变存储结构是以牺牲写入性能为代价的，针对读性能进行的优化。

对于不可变存储结构，插入与更新记录都以追加的形式写入新文件中，采用顺序写的方式，不可变存储结构是针对写入性能进行的结构优化。但由于新记录以追加的形式存在，同一个记录会存在多个不同的版本，在读取时需要查询多个文件。因此，不可变存储结构是以牺牲读取性能为代价的，针对写入性能进行的优化。

本章将 B+树作为基于堆文件组织方式的可变存储结构典型示例，使用日志结构合并树（Log-Structured Merge Tree，LSM-tree）作为基于日志结构化不可变数据存储的典型示例，分别介绍其实现原理与数据组织方式。

4.1.1 B+树

B+树是 1970 年 Rudolf Bayer 教授在 *Organization and Maintenance of Large Ordered Indices* 一文中提出的。如今已经成为最为常见，也是在数据库中使用最为频繁的一种索引结构。它基于可变存储方式，能够快速地根据键值找到数据行所在的页。B+树采用多叉树结构，降低了索引结构的深度，避免传统二叉树结构中绝大部分的随机访问操作，从而有效地减少了磁盘磁头的寻道次数，降低了外存访问延迟对性能的影响。它保证树节点中键值对的有序性，从而控制查询、插入、删除和更新操作的时间复杂度在 $O(\log n)$ 的范围内。鉴于上述优势，B+树作为索引结构的构建模块，被广泛应用在大量数据库系统和存储系统中，其中就包括 PolarDB、MySQL 等云原生数据库。

1．B+树原理

首先介绍 B+树的结构和特点。由于篇幅所限，本章仅对 B+树的基本结构和操作进行简单介绍，若需要了解 B+树的基础结构和操作原理，可根据引用的文章自行阅读。

（1）传统的 B+树需要满足的要求
- 从根节点到叶节点的所有路径都具有相同的长度；
- 所有数据信息都存储在叶节点上，非叶节点仅作为叶节点的索引存在；
- 根节点至少拥有两个键值对；
- 每个树节点最多拥有 *M* 个键值对；
- 每个树节点（除了根节点）拥有至少 *M*/2 个键值对。

B+树的原理图如图 4-1 所示。

（2）一棵传统的 B+树需要支持的操作
- 单键值操作：Search、Insert、Update 和 Delete（下文以 Search 和 Insert 操作为例，其他操作的实现相似）；
- 范围操作：Range Search。

（3）正确的 B+树并发控制机制需要满足的要求

- 正确的读操作：不会读到一个处于中间状态的键值对，读操作访问中的键值对正在被另一个写操作修改；不会找不到一个存在的键值对，读操作正在访问某个树节点，这个树节点上的键值对同时被另一个写操作（分裂操作或合并操作）移动到另一个树节点，导致读操作没有找到目标键值对。
- 正确的写操作：两个写操作不会同时修改同一个键值对。
- 无死锁：不会出现死锁，两个线程或多个线程发生永久堵塞（等待），每个线程都在等待被其他线程占用并堵塞了的资源。

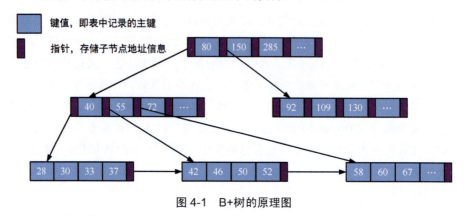

图 4-1　B+树的原理图

2．B+树在磁盘上的组织形式

计算机的存储结构从上到下依次可分为寄存器、高速缓存、主存储器和辅助存储器。其中，主存储器也就是内存，辅助存储器也称为外存，例如用于保存文件的磁盘。在这种存储结构中，每一级存储结构都要比上一级存储结构慢很多，其中对于磁盘的访问最慢，主要原因在于访问磁盘时，需要做到两件事。一是寻道，即磁头固定，磁盘在下面高速旋转，定位到数据所在的磁道；二是定位，磁道分为几百个扇区，须通过移动磁头找到指定的扇区。

在这两个步骤中，因为是机械操作，自然就慢了许多。在磁盘调度层面，有各种磁盘调度算法以减少磁臂的运动来提高效率。在索引结构层面，需要建立一种好的索引提升磁盘读取的效率。通常使用磁盘 I/O 次数评价索引的优劣，B+树索引的性能优势体现在以下几个方面：

- 在磁盘中以 B+树索引组织数据有天然的优势，因为对于操作系统而言，无论是读操作还是写操作都是以磁盘块为单位进行的，当以 B+树的叶子节点大小对齐磁盘块大小时，可以充分利用系统与磁盘交互方式节省交互次数。
- B+树由非叶子节点和叶子节点构成，非叶子节点也称为索引节点，映射为物理结构上的索引页。叶子节点也称为数据节点，映射为物理结构上的数据页。索引节点不存储数据，只存储键和指针，所以一个索引节点可以存储大量的分支，且只需一次 I/O 操作便可读取到内存中。
- B+树的所有叶子节点都包含一个指针指向邻近的叶子节点，极大地提高了区间查询效率。

4.1.2 InnoDB 引擎中的 B+树

MySQL 5.5 及以后的版本中默认使用 InnoDB 引擎作为其存储引擎，InnoDB 引擎使用 B+树作为其索引结构，主键采用聚集索引（Clustered Index）存储。

InnoDB 引擎以表空间（Tablespace）结构进行组织，每个表空间包含多个段（Segment），每个段包含多个区（Extent），每个区占用 1MB 空间，包含 64 个页（Page）。在 InnoDB 引擎中的最小存取单元是页，页可以用于存放数据，也可以用于存放索引指针，在 B+树中，叶子节点存放数据，非叶子节点存放索引指针。当查找一条数据时，通过 B+树索引确定数据在哪个页中，进而将页装入内存，再在内存中遍历寻找所需要的数据所在的行。

InnoDB 的读性能主要基于 B+树的查询性能保证。写性能用预写日志（WAL）机制避免每次写操作都更新 B+树上的全量索引和数据内容，通过重做日志（Redo Log）记录每次写的增量内容，顺序地将 Redo Log 写入磁盘。同时，在内存中记录本次应该在 B+树上更新的脏页数据，然后在一定的条件下触发脏页的刷盘。

1．MySQL/InnoDB 引擎中 B+树的具体实现

数据库中的 B+树索引可以分为聚集索引和辅助索引（Secondary Index），两者的主要区别在于，叶子节点存放的信息是否为一整行信息。在辅助索引文件中，索引文件（.myi 文件）与数据文件（.myd 文件）分离，索引文件仅保存数据记录的指针地址，叶子节点存储指向数据记录的指针地址。在聚集索引中，索引文件与数据文件为一个.idb 文件，叶子节点直接存储数据，保存了完整的数据记录，非叶子节点保存指向下一层面的指针。聚集索引与辅助索引结构如图 4-2 所示。

（1）聚集索引的优点
- 聚集索引将索引和数据行保存在同一棵 B+树中，查询时可以直接获取数据，相比非聚集索引，需要第二次查询效率更高。
- 聚集索引对于范围查询效率更高，因为数据是按照大小排列的，可以通过叶子节点的指针在逻辑上直接顺序访问。

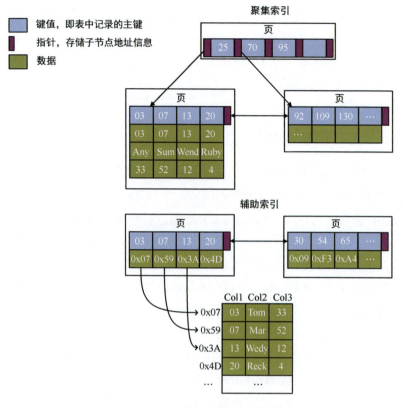

图 4-2 聚集索引与辅助索引结构

（2）聚集索引的缺点

- 索引更新的代价较高，对于更新了行的聚集索引，需要将数据移动到相应的位置。
- 插入速度严重依赖于插入顺序。
- 聚集索引再插入新行和更新主键时，可能会导致"页分裂"问题。
- 聚集索引可能导致全表扫描速度变慢，因为逻辑上连续的页在物理上可能相隔较远，大量的随机读会显著降低性能。

由于辅助索引叶子节点不存储实际数据，而只是存储指向数据的指针，因此在 InnoDB 存储引擎中，辅助索引的叶子节点指向的就是相应行数据的聚集索引键。辅助索引的存在并不影响数据在聚集索引中的组织，因此每张表上可以有多个辅助索引。在查询数据时，InnoDB 存储引擎会遍历辅助索引，并通过叶级别的指针获得指向主键索引的主键，然后再通过主键索引找到一个完整的行记录。

2．MySQL/InnoDB 中 B+树的持久化策略

在 InnoDB 中读数据可以通过 B+树索引快速定位到要查找的页，再将数据读入内存获取所要找的数据行。对于写操作，MySQL 中的写入采用 WAL 机制。简单说来就是先写日志，再写磁盘，是通过缓冲池（Buffer Pool），并基于顺序写的性能远高于随机写来实现的。无论是读数据还是写数据，直接对磁盘进行读写的代价是高昂的，频繁地随机 I/O 会显著降低 CPU 的利用率，为了减少对磁盘的访问次数，并基于局部性原理，页面被缓存在内存中，缓冲池的主要功能可以总结为以下几点：

- 在内存中保留磁盘上被缓存的页的内容。
- 将对磁盘页的修改缓存起来，并且修改的是缓存的版本，而非直接修改磁盘上的数据。
- 如果请求的页在缓存中，则直接返回该缓存页。
- 当请求的页面不在缓存中并且内存尚有可用空间时，缓冲池会将磁盘上的该请求页换入缓存。
- 当请求的页面不在缓存中并且内存中无可用空间时，会调用缺页置换策略，以一种算法选择一些页换出，被换出的页的内容会被刷写回磁盘中。

当存储引擎访问页时，首先检查其内容是否已经被缓存在缓冲池中。如果在，则直接返回所请求的页；如果该页未被缓存，则将所请求页的逻辑地址或页号转换为物理地址，并将它的内容从磁盘加载到缓冲池中。

当请求的页面不在缓冲池中且此时内存已无空闲空间时，就需要从缓存页中换出一页刷入磁盘，再将请求页换入。选择换出页面的算法称为页面置换算法，好的页面置换算法应该有较低的页面更换频率，也就是说，应将以后不会再访问或以后较长时间内不会再访问的页面优先换出。常见的页面置换算法有以下 4 种：

- 先进先出（FIFO）页面置换算法，优先淘汰掉最早进入内存的页面，即在内存中驻留时间最久的页面。
- 最近最久未使用（LRU）置换算法，选择最近且最长时间未访问过的页面换出。
- 时钟（CLOCK）置换算法，将页的引用和与之关联的访问位保存在环形缓冲区中。以时钟的形式更新每个页面的访问位，并将访问位为 0 的页面换出。
- 最小使用频率（LFU）置换算法，其根据页的请求频率进行排序，每次换出请求频率最低的页。

如果缓冲池中的某个页被修改（如追加了一个新的单元格），则该页被标记为脏页，也就是说该页与磁盘数据页的内容不一致，只有将其刷写到磁盘上，才能保证数

据的一致性。

在 InnoDB 引擎中，检查点进程控制预写日志和缓冲池，并确保两者协同工作。只有当缓冲池中的数据页完成落盘以后，相关的操作日志记录才能从 WAL 中丢弃。在上述过程完成后才能将脏页换出缓存。InnoDB 引擎刷写脏页的时机如下：

- 内存中的 Redo Log 写满，这时系统会停止所有更新操作进行落盘，将检查点向前推进，需要把两个点之间的日志对应的所有脏页都刷写到磁盘上，以便给 Redo Log 留出空间继续写日志。
- 系统中内存不足发生缺页中断时，需要换出一些页以换入新的请求页，如果换出的是脏页，就要先将脏页写到磁盘。
- 数据库空闲时刷脏页。
- 当数据库正常关闭时，也要把内存中所有脏页刷写到磁盘上。

4.1.3 LSM-tree

日志结构合并树（Log-Structured Merge Tree，LSM-tree）是 Patrick O'Neil 教授于 1996 年在 *The log-structured merge-tree* (*LSM-tree*) 一文中提出的。日志结构合并树这一名称取自日志结构文件系统。LSM-tree 的实现如同日志文件系统，它基于不可变存储方式，采用缓冲和仅追加存储实现顺序写操作，避免了可变存储结构中绝大部分的随机写操作，降低了写操作带来的多次随机 I/O 对性能的影响，提高了磁盘上数据空间的利用率。它保证了磁盘数据存储的有序性。不可变的磁盘存储结构有利于顺序写入。数据可以一次性地写入磁盘，并且在磁盘中是以仅追加的形式存在的，这也使得不可变存储结构具有更高的数据密度，避免了外部碎片的产生。

由于文件是不可变的，所以写入操作、插入操作和更新操作都无须提前定位到数据位置，大大减少了由于随机 I/O 带来的影响，并且显著提高了写入的性能和吞吐量。但对于不可变文件来说，重复是允许的，随着追加的数据不断增多，磁盘驻留表的数量不断增长，需要解决读取时带来的文件重复问题。可以通过触发合并操作进行 LSM-tree 的维护。

前面讲到 B+树在磁盘中组织数据的方式以页为单位，通过构建一棵树用非叶子节点存储索引文件，叶子节点存储数据文件从而定位到所要查找的数据所在的页。而在 LSM-tree 中，数据以有序字符串表（Sorted String Table，SSTable）的形式存在，SSTable 通常由两个组件组成，分别是索引文件和数据文件。索引文件保存键和其在数据文件中的偏移量，数据文件由连起来的键值对组成，每个 SSTable 由多个页构成。在查询一条数据时，并非像 B+树一样直接定位到数据所在的页，而是先定位到

SSTable，再根据 SSTable 中的索引文件找到数据所对应的页。

1．LSM-tree 结构

LSM-tree 的整体架构如图 4-3 所示，其包括内存驻留组件和磁盘驻留组件。执行写请求写入数据时，会先在磁盘 Commit Log 上记录操作，以便进行故障恢复，随后记录被写入可变内存驻留组件（Memtable）中，当 Memtable 达到某个阈值后，会转变成不可变内存驻留组件（Immemtable），并在后台将数据刷写到磁盘上。对于磁盘驻留组件，写入的数据会分为多个层级，从 Immemtable 刷入的数据会优先进入 Level 0 层，并生成相应的 SSTable，待 Level 0 层达到某个阈值后，Level 0 层的 SSTable 会以一种方式合并到 Level 1 层，并依此方式逐层向下合并。

- 内存驻留组件：内存驻留组件由 Memtable 与 Immemtable 组成。数据在 Memtable 中通常以有序的跳表（Skip List）结构进行存储，以此保证磁盘数据的有序性。Memtable 负责缓冲数据记录，并充当读写操作的首要目标。Immemtable 完成对数据的落盘操作。
- 磁盘驻留组件：磁盘驻留组件是由 WAL 与 SSTable 组成的。由于 Memtable 存在于内存中，为防止系统故障导致内存中尚未写入磁盘的数据丢失，在向 Memtable 中写入数据之前，需要先将操作记录写入 WAL 保证数据记录的持久化。SSTable 是由 Immetable 刷写到磁盘上的数据记录所构建的，SSTable 是不可变的，仅可用于读取合并和删除操作。

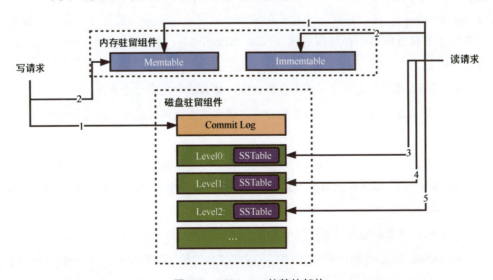

图 4-3　LSM-tree 的整体架构

2．LSM-tree 的更新与删除

由于 LSM-tree 是基于不可变存储结构的，更新操作无法直接修改原有数据，只能以时间戳作为标记插入一条新数据，因此 LSM-tree 中无法显式地区分插入操作与更新操作。删除操作也同样，可以通过插入一个特殊的删除标记，有时也称为墓碑（Tombstone）来实现。该条目说明此键对应的数据记录已被删除。

3．LSM-tree 的查找

LSM-tree 查找一条数据的访问顺序如下所示：

- 访问可变内存驻留组件。
- 访问不可变内存驻留组件。
- 访问磁盘驻留组件，从 Level 0 层开始依次访问，由于越低层级的数据越新，因此在找到要查找的数据时立即返回，便可取得该数据的最新值。

除此之外，还有一些针对读操作的优化，布隆过滤器（Bloom Filter）常用于判断一个 SSTable 中是否包含特定的键，布隆过滤器的底层是一个位图结构，用于表示一个集合，并能判断一个元素是否属于这个集合。应用布隆过滤器可以大大减少磁盘的访问次数。但其也存在一定的误判率，由于其位图值基于散列函数进行判定，最终会发生多个值的散列冲突问题。在判断一个元素是否属于某个集合时，可能会把不属于这个集合的元素误认为属于这个集合，即布隆过滤器具有假阳性（False Positive），同时判断一个元素在集合中需要位图中多位值为 1，这也从根本上决定了布隆过滤器不存在假阴性（False Negative）。也就是说它可能存在以下两种情形：

- 布隆过滤器判定某个元素不在集合中，那么这个元素一定不在。
- 布隆过滤器判定某个元素在集合中，那么这个元素可能在，也可能不在。

4．LSM-tree 的合并策略

在 LSM-tree 中，随着磁盘驻留表数据的不断增加，可以通过周期性的合并（Compaction）操作减少重复数据。基本的合并策略有两种，分别是 Tiered Compaction 与 Leveled Compaction。

（1）两种合并策略的具体实现形式

- Tiered Compaction：每层允许的 SSTable 文件的最大数量都有一个相同的阈值，随着 Immemtable 不断刷写成 SSTable，当某层的 SSTable 数量达到阈值时，就把该层的所有 SSTable 合并成一个大的新 SSTable，并放到较高的一层。其优

点是实现简单，缺点是合并时的空间放大问题比较严重，且越高层级的 SSTable 越大，读放大问题越严重。
- Leveled Compaction：每层的 SSTable 大小固定，默认为 2MB，且每层的 SSTable 最大数量为其低一层的 N 倍（在 Scylla 和 Apache Cassandra 中 N 默认为 10）。

（2）合并策略的过程
- 当 L0 层满时，将 L0 层的全部 SSTable 与 L1 层的全部 SSTable 合并，并去掉重复的 Key 值，基于 SSTable 大小的限制，会合并成多个 SSTable 文件，并归入 L1 层。
- 当 L1~LN 层满时，选取满的一层的一个 SSTable 与下一层合并。

其优点是减少了空间放大，但缺点是合并时会造成严重的写放大问题。

5．读放大、写放大和空间放大

基于不可变存储结构的 LSM-tree 会存在读放大问题，就如同基于可变存储结构的 B+树存在写放大问题是不可避免的，但 LSM-tree 中不同的合并策略又会带来新的问题。在分布式领域，著名的 CAP 理论证明了一个分布式系统最多只能同时满足一致性（Consistency）、可用性（Availability）和分区容错性（Partition Tolerance）三项中的两项。与此相似的是，Manos Athanassoulis 等人在 2016 年提出了 RUM 猜想，它指出对任何数据结构来说，最多只能同时优化读放大（Read Amplification）、写放大（Write Amplification）和空间放大（Space Amplification）中的两项，并需要以牺牲另一项作为代价。总结来说，基于不可变存储结构的 LSM-tree 在存储数据时会面临以下三个问题。
- 读放大，为了检索数据，需要一层一层地查找，造成额外的磁盘 I/O 操作，尤其在范围查询时读放大现象很明显。
- 写放大，在合并过程中会不断地重写为新的文件，从而导致写放大。
- 空间放大，由于重复是允许的，并且过期的数据不会被马上清理掉，由此会导致空间放大。

由于两种合并策略的实现方式不同，会分别导致空间放大和写放大问题。

Tiered Compaction 的合并过程会导致较高层的 SSTable 文件非常大，当执行合并操作时，为了保证容错在合并操作结束以前不会删除原有的 SSTable 文件，这会造成短期内数据量变为原来的近两倍，待合并操作完成后，会删除旧的数据，此时数据量会恢复正常。尽管只是暂时的，但这仍然是一个严重的空间放大问题。

Leveled Compaction 由于固定了 SSTable 的大小，且其合并策略不是将整层的所有 SSTable 与下一层进行合并，而是选择一个与下一层具有相同 Key 值的 SSTable 进行合并，减少了空间放大问题；但由于合并过程中一个 SSTable 可能与下一层的 10 个 SSTable 都存在重复的 Key 值，此时就需要重写 10 个 SSTable 文件，会导致严重的写放大。

4.2 并发控制

4.2.1 基本概念

顾名思义，数据库的并发控制机制是用来控制数据库的并发操作的机制。控制是为了保证数据的完整和一致性。现代数据库系统的并发控制不但要保证数据完整和数据一致性，为了提高系统的处理能力，还要尽可能地提高系统的并发性。并发控制主要有悲观并发控制、乐观并发控制和多版本并发控制等。悲观并发控制是最常见的并发控制机制，也就是锁。乐观并发控制其实也有另外一个名字——乐观锁。多版本并发控制（Multi-Version Concurrency Control，MVCC）是包括 MySQL、Oracle 和 PostgreSQL 等现代数据库引擎实现中常用的处理读写冲突的手段，目的在于提高数据库高并发场景下的吞吐性能。与前两者对立的命名不同，MVCC 可以与前两者中的任意一种机制结合使用，以提高数据库的读性能。多版本并发控制数据库维护了一条记录的多个物理版本。当事务写入时，创建写入数据的新版本，读请求依据事务或语句开始时的快照信息，获取当时已经存在的最新版本数据。它带来的最直接的好处是：写不阻塞读，读也不阻塞写，读请求永远不会因此冲突失败或者等待。对大部分数据库请求来说，读请求往往多于写请求。主流的数据库几乎都实现了多版本控制并发机制，但是不同的数据库存储引擎实现的 MVCC 存在一些差异。

4.2.2 锁方法

当一个事务访问某个数据项时，其他任何事务都不能修改该数据项。实现该需求最常用的方法是只允许事务访问当前该事务持有锁的数据项。给数据加锁的方式有很多种，在这里只介绍两种。

- 共享锁（S 锁）：如果事务 T_i 获得了数据库中元素 D 上的共享锁，则 T_i 可以读但不能写 D。

- 排他锁（X 锁）：如果事务 T_i 获得了数据库中元素 D 上的排他锁，则 T_i 既可以读又可以写 D。

每个事务在对元素 D 执行操作前，需要根据操作类型申请适当的锁。事务只有在获得所需的锁后才能继续执行操作。但是排他锁和共享锁的使用可以使多个事务同时访问同一元素，但是只允许一个事务执行写操作。下面通过定义一个相容性矩阵描述锁管理策略：操作同一个对象，只有两个读请求相互兼容，可以同时执行，读写和写写操作都会因为锁冲突而串行执行。图 4-4 为共享锁和排他锁的相容性矩阵，值为"是"表示这两种锁是相容的。

	S	X
S	是	否
X	否	否

图 4-4　相容性矩阵

如果事务想要执行对一个数据库元素的操作，那么就要给这个数据库元素上锁。如果该数据库元素已经被另一个事务加上了不相容的锁，那么在其他不相容的锁释放之前，该事务将不会获得这个数据库元素上的锁。

为了方便理解封锁和解锁操作，在这里作以下定义。

- LS(D)：事务请求数据库中元素 D 上的共享锁。
- LX(D)：事务请求数据库中元素 D 上的排他锁。
- UL(D)：事务释放数据库中元素 D 上的锁。

能够保证可串行性的一个协议是两阶段封锁协议（Two-Phase Locking Protocol）。该协议要求每个事务分两个阶段提出加锁和解锁申请。

- 增长阶段：事务可以获得锁，但不能释放锁。
- 缩减阶段：事务可以释放锁，但不能获得新锁。

在每个事务中，所有封锁请求先于所有的解锁请求。开始时，事务处于增长阶段，事务根据需要获得锁。一旦该事务释放了锁，它就进入了缩减阶段，并且不能再发出加锁请求。两阶段锁能够有效地保证冲突可串行化。对于任何事务，在调度中该事务获得其最后加锁的位置称为事务的封锁点。这样，多个事务可以根据它们的封锁点排序，这个顺序就是事务的一个可串行化顺序。

两阶段封锁协议并不能保证不会发生死锁。通过图 4-5 中的例子能够发现事务 T_1 和事务 T_2 是两阶段的，但是却发生了死锁。

```
        T₁                    T₂
   LX(A);
   Read(A);
   A=A-100;
   Write(A);
                          LS(B);
                          Read(B);
                          LS(A);

   LX(B);
```

图 4-5　事务死锁

除了会出现死锁的情况，在两阶段锁情况下还可能会出现事务读到未提交的数据。如图 4-6 所示的情况，事务 T_4 会读到事务 T_3 未提交的数据 A，如果此时事务 T_3 回滚，则会引发级联回滚。

```
        T₃                    T₄
   LX(A);
   LX(B);
   Read(A);
   Write(A);
   Read(B);
   UL(A);
                          LX(A);
                          Read(A);
                          Write(A);
```

图 4-6　事务级联回滚

级联回滚可以通过使用严格两阶段封锁协议和强两阶段封锁协议避免。严格两阶段封锁协议要求事务持有的排他锁必须在事务提交后才能释放；强两阶段封锁协议要求在事务提交前不能释放任何锁。这就避免了事务未提交的数据被读到。

4.2.3　时间戳方法

对于保证事务可串行化的方法，除了前面提到的锁方法，另一种是实现选定事务的次序，最常用的方法是时间戳方法。

对于系统中每个事务 T_i，会赋给它一个唯一的数，称为其时间戳，记为 $TS(T_i)$。该时间戳是在事务 T_i 执行前由系统按升序赋予的。可以使用下面的两种方法产生时间戳：

- 系统时钟，事务的时间戳等于事务进入系统时的时钟值。
- 逻辑计数器，每当一个事务开始时，计数器加 1，并将计数器的值赋给该事务作为其时间戳。

为了使用事务的时间戳保证事务的串行调度，每个数据项 Q 需要与两个时间戳和一个附加位相关联：

WT(Q)，表示成功执行 Write(Q)的所有事务的最大时间戳。

RT(Q)，表示成功执行 Read(Q)的所有事务的最大时间戳。

C(Q)，Q 的提交位，当且仅当最近写数据项 Q 的事务已经提交时，该位为 True。该位是为了防止发生脏读。

时间戳排序协议能够保证任何有冲突的读写操作按时间戳顺序执行。其规则如下。

（1）假设事务 T_i 执行 Read(Q)操作

- 如果 TS(T_i) < WT(Q)，此时读操作无法完成，T_i 回滚。
- 如果 TS(T_i) ≥ WT(Q)，此时可执行读操作。

如果 C(Q)为真，执行请求。并将 RT(Q)的值置为 TS(T_i)和 RT(Q)两者中的最大值。

如果 C(Q)为假，则等待 Wirte(Q)完成或终止。

（2）假设事务 T_i 执行 Write(Q)操作

- 如果 TS(T_i) < RT(Q)，则事务 T_i 试图写入的值是先前所需要的，此时默认不再需要，T_i 回滚。
- 如果 TS(T_i) < WT(Q)，则事务 T_i 试图写入的值已经过时，T_i 回滚。
- 如果 TS(T_i) ≥ RT(Q) 或 TS(T_i) ≥ WT(Q)，则系统执行 Write(Q)操作，并将 WT(Q)置为 TS(T_i)，C(Q)置为 False。

当事务 T_i 执行提交请求时，C(Q)置为 True，并且等待数据项 Q 被提交的事务将被允许继续执行。

在以上规则下，对于被回滚的事务读写操作，系统将会赋予它们新的时间戳继续执行。

下面可以考虑另外一种情况，假设 TS(T_i) < TS(T_j)。此时，事务 T_i 的 Read(Q)能够成功，事务 T_j 的 Write(Q)也能完成。当 T_i 试图执行 Write(Q)操作时，能够发现

TS(T_i) < WT(Q)，因此 T_i 的 Write(Q)操作会被拒绝且事务 T_i 回滚。此时发现过时的写操作会由于时间戳排序协议的规则而回滚，但是这是不必要的。因此可以修改时间戳排序协议，使某个写操作如果在写时间更晚的写操作已经发生时能被跳过，这种方法称为托马斯（Thomas）写入法则。

假设事务 T 提出 Write(Q)请求，则 Thomas 写法则基本规则如下：

- 当 TS(T) < RT(Q)时，Write(Q)操作将被拒绝，事务 T 回滚。
- 当 TS(T) < WT(Q)时，此时事务 T 要写入的数据项 Q 是过时的，Write(Q)操作不需要执行。

如果以上情况都不存在，则执行 Write(Q)操作，并将 TS(T)的值设为 WT(Q)。

对于上面的锁方法和时间戳方法，当它们检测到一个冲突时，即使该调度可能是冲突可串行化的，也会使事务等待或回滚，因此可以称为悲观的并发控制。对于读事务较多的情况，事务冲突发生的频率会很低，如果使用悲观的并发控制，可能会增加系统的开销。通常希望能尽可能地减小系统的开销，在这里使用有效性检查机制来减小系统开销。与锁方法和时间戳方法不同的是，有效性检查机制是乐观的执行事务，因此也称为乐观并发控制。

当使用有效性检查机制执行事务时，事务会分为三个阶段执行：

- 读阶段：事务将会从数据库中读取它所需要的数据库元素并保存在其局部变量中。
- 有效性检查阶段：对事务进行有效性检查。如果有效性检查通过，将执行第三个阶段；否则事务将回滚。
- 写阶段：事务将修改的元素写入数据库中。只读事务可忽略这个阶段。

每个事务都会按以上三个阶段的顺序执行。为了更好地进行有效性检查，将使用下面三个不同的时间戳：

- Start(T_i)，事务 T_i 开始执行的时间，但此时事务 T_i 并未完成有效性检查。
- Validation(T_i)，事务 T_i 已经完成读阶段并开始执行有效性检查的时间，但此时事务 T_i 还未完成写阶段。
- Finish(T_i)，事务 T_i 完成写阶段的时间。

假设有两个事务 T_i 和 T_j，两个事务修改同一行数据，事务 T_i 通过进行有效性检查需要满足下列任一规则：

- Finish(T_j)<Start(T_i)，此时事务 T_j 在事务 T_i 开始前已经完成执行，事务 T_i 能够进行有效性检查并执行。

- Finish(T_i)> Start(T_j)，事务 T_i 在事务 T_j 开始前已经完成有效性检查，但在事务 T_j 开始后才结束。此时事务 T_i 的写数据集合和事务 T_j 的读数据集合不能相交。
- Finish(T_i)>Validation(T_j)，事务 T_i 在事务 T_j 完成有效性检查前已经完成有效性检查，但在事务 T_j 完成有效性检查后才结束。此时事务 T_i 的写数据集合和事务 T_j 的写数据集合不能相交。

4.2.4 MVCC

锁方法和时间戳方法的并发控制机制要么延迟一项操作，要么终止发出该操作的事务来保持可串行性。虽然这两种并发控制机制确实能够从根本上解决并发事务的可串行化的问题，但是在实际环境中，数据库的事务大都是只读的，读请求的数量是写请求的很多倍，如果写请求和读请求之前没有并发控制机制，那么最坏的情况也是读请求读到了已经写入的数据，这对很多应用完全是可以接受的。

在这种大前提下，数据库系统引入了另一种并发控制机制——多版本并发控制（MVCC），每一个写操作都会创建一个新版本的数据，读操作会从有限多个版本的数据中挑选一个最合适的结果直接返回。这时，读写操作之间的冲突就不再需要被关注，而管理和快速挑选数据的版本就成了 MVCC 需要解决的主要问题。MVCC 并不与前面提到的并发控制方法对立，相反，MVCC 可以与前面提到的任意一种并发控制机制结合使用，以提高数据库的读性能。

1．多版本两阶段封锁

多版本两阶段封锁协议（Multi-Version Two-phase Locking Protocol）希望将多版本并发控制的优点与封锁的优点结合起来。该协议对只读事务和更新事务加以区分。

更新事务执行按照两阶段封锁协议执行，即它们持有全部锁直到事务结束。因此，它们可以按提交的次序进行串行化。数据项的每个版本有一个时间戳，这种时间戳不是真正基于时钟的时间戳，而是一个计数器（在这里称为 TS-Counter），这个计数器在提交处理时增加计数。

只读事务在开始执行前，数据库系统读取 TS-Counter 的当前值作为该事务的时间戳。只读事务在执行读操作时遵从多版本时间戳排序协议。因此，当只读事务 T_1 发出 Read(Q)时，返回值是小于 TS(T_1)的最大时间戳版本的内容。

当更新事务读取一个数据项时，它在获得该数据项上的共享锁后，再读取该数据项最新版本的值。当更新事务想写一个数据项时，它首先要获得该数据项上的排他锁，然后为此数据项创建一个新版本。写操作在新版本上进行，新版本的时间戳最初置为∞，它大于任何可能的时间戳值。

当更新事务 T_1 完成其任务后，它按如下方式提交：首先，T_1 将它创建的每一个版本的时间戳设置为 TS-Counter 的值加 1；然后，T_1 将 TS-Counter 增加 1。在同一时间内只允许有一个更新事务提交。

这样，在 T_1 增加了 TS-Counter 后，启动的只读事务将看到 T_1 更新的值，而那些在 T_1 增加 TS-Counter 之前就启动的只读事务将看到 T_1 更新之前的值。无论哪种情况，只读事务不必等待加锁。多版本两阶段锁也保证调度是可恢复的和无级联的。

版本删除类似于多版本时间戳排序中采用的方式。假设有某数据项的两个版本 Q_1 与 Q_2，两个版本的时间戳都小于或等于系统最老的只读事务的时间戳。则两个版本中较旧的版本将不会再使用，可以删除。

2．多版本时间戳排序

时间戳协议可以扩展为多版本的协议。对于系统中的每个事务 T_i，将一个唯一的静态时间戳与之关联记为 TS(T_i)。数据库系统会在事务开始前赋予该时间戳。

对于每个数据项 Q，有一个版本序列 <Q_1，Q_2，…，Q_m> 与之关联，每个版本 Q_k 包含三个数据字段：

- Content，Q_k 版本的值。
- W-TS(Q)，创建 Q_k 版本的事务的时间戳。
- R-TS(Q)，所有成功地读取 Q_k 版本的事务的最大时间戳。

多版本时间戳排序机制规则如下：假设事务 T_i 发出 Read(Q) 或 Write(Q) 操作，令 Q_k 表示 Q 满足如下条件的版本，其写时间戳是小于或等于 TS(T_k) 的最大时间戳。

- 如果事务 T_i 执行 Read(Q) 操作，则返回值是 Q_k 的内容。
- 如果事务 T_i 执行 Write(Q) 操作，且若 TS(T_i)<R-TS(Q_k)，则系统回滚事务 T_i；若 TS(T_i)=W-TS(Q_k)，则系统覆盖 Q_k 的内容；若 TS(T_i)>R-TS(Q_k)，则创建 Q 的一个新版本。

根据规则，一个事务读取位于其前的最近版本。如果一个事务试图写入其他事务应该已经读取了的版本，则不允许该写操作成功。

不再需要的版本删除规则如下：假设有某数据项的两个版本 Q_i 与 Q_j，这两个版本的 W-TS 都小于系统中最老的事务的时间戳，那么 Q_i 和 Q_j 中较旧的版本将不会再用到，因而可以删除。

多版本时间戳排序机制具有读请求从不失败且不必等待的优点。然而这个机制也存在一些缺点。首先，读取数据项要求更新 R-TS 字段，于是产生两次潜在的磁盘访问而不是一次。其次，事务间的冲突通过回滚而不是等待解决，这种做法会增大开销。而多版本两阶段封锁协议能够有效减轻这个问题。

4.2.5 InnoDB MVCC 的实现

这部分主要分析 MySQL 的默认存储引擎 InnoDB 的 MVCC 实现原理。MVCC 的实现主要依赖于数据库在每个表中添加的两个隐藏字段（DATA_TRX_ID、DATA_ROLL_PTR），以及事务在查询时创建的快照（Read View）和数据库的数据版本链（Undo Log）。

1．三个隐藏字段

InnoDB 引擎会为每个使用 InnoDB 存储引擎的表添加三个隐藏字段，用于实现数据多版本和聚集索引，其中 DATA_TRX_ID、DATA_ROLL_PTR 用于数据多版本。InnoDB 表结构如图 4-7 所示。

DATA_TRX_ID 记录最近更新或插入这条记录的事务 ID。删除在内部也被当作一次更新，在行的特殊位置设置一个删除标记，占用 6 字节。

DATA_ROLL_PTR 回滚指针指向被写在 Rollback Segment 中的 Undo Log 记录，在该行数据被更新时，Undo Log 会将该行修改前的内容记录到 Undo Log，InnoDB 引擎通过这个指针找到之前版本的数据。该行记录上所有的旧版本，在 Undo Log 中通过链表的形式组织，占用 7 个字节。

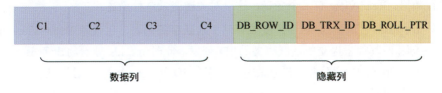

图 4-7　InnoDB 表结构

DB_ROW_ID 行 ID（隐藏单调自增 ID），随着新行插入而单调递增。InnoDB 使用聚集索引，数据存储以聚集索引字段的大小顺序进行存储的，当表面没有主键或唯一非空索引时，InnoDB 引擎就会自动生成一个隐藏主键产生聚集索引。DB_ROW_ID 与 MVCC 无关，大小为 6 字节。

下面通过实际的例子理解 MVCC 的具体操作。

- SELECT 操作，InnoDB 会根据以下两个条件检查每行记录：InnoDB 只查找版本早于当前事务版本的数据行（即行的事务 ID 小于或等于当前的事务

ID），这样可以确保事务的读取的行，要么是在事务开始前已经存在的，要么是事务自身插入或者修改过的；行的删除版本要么未定义，要么大于当前事务 ID，这可以确保事务读取到的行，在事务开始之前未被删除。只有符合上述两个条件的记录，才能返回作为查询结果。

- INSERT 操作，InnoDB 为新插入否认每一行保存当前事务 ID 作为行版本号。
- DELETE 操作，InnoDB 为删除的每一行保存当前事务 ID 作为行删除标识。
- UPDATE 操作，InnoDB 为插入一行新纪录，保存当前事务 ID 作为行版本号，同时保存当前事务 ID 到原来的行作为行删除标识。

Undo Log 主要用于记录被修改之前的数据，在表信息修改时，会先把数据拷贝到 Undo Log 中，当一个事务需要读取行记录时，如果当前记录行不可见，可以通过回滚指针顺着 Undo Log 链找到满足其可见性条件的记录行版本；或者当事务进行回滚时，可以通过 Undo Log 里的日志还原数据。

Undo Log 一方面可用于 MVCC 快照读时构建记录，在 MVCC 多版本控制中，通过读取 Undo Log 的历史版本数据可以实现不同事务版本号都拥有自己独立的快照数据版本。另一方面，保证事务进行回滚时的原子性和一致性，当事务进行回滚时可以用 Undo Log 的数据进行恢复。

2．一致性读的实现

可读视图（Read View）其实就相当于一种快照，里面记录了系统中当前活跃事务的 ID 数组和相关信息，主要用途是用于可见性判断，判断当前事务是否有资格访问该行数据。Read View 有多个变量，这里对关键变量进行描述。

- trx_ids：它里面的 trx_ids 变量存储了活跃事务列表，也就是 Read View 开始创建时其他未提交的活跃事务的 ID 列表，此时 trx_ids 就会将事务 B 和事务 C 的事务 ID 记下来。若记录的当前事务 ID 在 trx_ids 里，则此记录不可见，否则可见。
- low_limit_id：目前出现过的最大的事务 ID+1，即取自事务系统的 max_trx_id。记录行上的事务 ID 大于可见视图的 low_limit_id，则此记录对当前事务一定不可见。
- up_limit_id：活跃事务列表 trx_ids 中最小的事务 ID，如果 trx_ids 为空，则 up_limit_id 为 low_limit_id，虽然该字段名为 up_limit_id，但在 trx_ids 中的活跃事务号是降序的，所以最后一个为最小活跃事务 ID。对于事务 ID 小于此 up_limit_id 的记录，对此视图可见。
- creator_trx_id：当前创建 Read View 的事务 ID。

MVCC 只支持 RC（读已提交）和 RR（可重复读）隔离级别，对两个隔离级别实现的差异在于其产生的 Read View 的次数不同。

RR 作为可重复读隔离级别，避免了脏读和不可重复读，存在幻读问题。MVCC 对该级别的实现是在当前事务中只有第一次进行普通的 SELECT 查询，才会产生 Read View，后续所有的 SELECT 查询都是复用这个 Read View，这个事务一直使用这一个快照进行快照查询，事务结束才会释放。避免了不可重复读，但是存在幻读，禁止幻读可以通过 Next-Key Locks 算法的间隙锁和记录锁实现。

RC 是在每次进行普通 SELECT 查询时都会产生一个新的快照，每个 SELECT 语句开始时，都会重新将当前系统中的所有的活跃事务拷贝到一个列表以生成 Read View，虽然并发行更好且避免了脏读，但是会存在不可重复读和幻读问题。

4.3 日志与恢复

4.3.1 基本概念

事务的持久性和故障恢复是数据库管理系统必须支持的特性。故障恢复的设计实现往往会影响到整个系统的架构和性能。在过去的十余年里，ARIES 式的预写日志（WAL）已经成为日志和恢复的实施标准，尤其是在基于磁盘的数据库系统中。

在数据库状态变化的过程中，将写操作的对象、数据和过程记录下来，这种记录被称为日志。日志技术可以实现事务的原子性和持久性。原子性表现为当系统发生故障后，回放日志可以重新执行已经提交的事务，撤销未提交事务的旧数据。持久性则表现为将日志写入磁盘后，事务执行的结果可以通过磁盘上的日志恢复。

与脏页的换入换出不同的是，日志的落盘是一个顺序写入的过程。日志序列号描述了不同事务产生的日志记录之间的相对顺序，顺序写入的日志会比随机写入的脏页刷盘更快。因此，大多数事务的实现都选择在提交前等待日志的成功刷盘而不是等待脏页刷盘。

实现数据库存储引擎时，日志往往在产生后被写入日志缓冲区，多个事务线程的日志都会写入同一个日志缓冲区，然后日志缓冲区的内容会被 I/O 线程刷到外部存储，例如磁盘。事务在提交前需要检查日志刷盘的进度，只有满足 WAL 条件的事务才可以提交。通常，日志文件会有多个，但管理方式却有两种不同的选择。一种是像 PostgreSQL 一样不重用日志文件，日志文件的数量和大小会连续增长。另一种则是像 MySQL 一样重用日志文件，一般会有两个以上的日志文件交替使用。不重用日志文件的方案可以容忍长事务，但是不断增长的日志文件需要有另外的机制来清理。重用的日志文件则是需要根据最长事务的长度配置日志文件的大小，否则一旦日志文件被用完，数据库系统将不得不因为无法提交事务而停止服务。

4.3.2 逻辑日志

逻辑日志十分常见，但它并不存在于所有数据库中。逻辑日志是指记录数据库修改操作的日志。这种操作往往是用户输入的一个简单变形，没有经过详细的解析，与数据库底层的数据组织形式无关，只与数据库提供的逻辑视图样式有关。

以关系数据库为例，存储引擎读写数据的形式可能是 B+树管理的传统页存储，也可能是 LSM-tree 管理的合并存储，但是对于用户来说，数据的组织形式永远是表，而不是页或键值对。关系数据库的逻辑日志记录的是用户对于表的操作，可能是 SQL 语句或 SQL 语句的某种简单变形，不涉及数据存储的实际形式。

逻辑日志通常不是必需的。因为很多数据库系统都是将物理日志作为故障恢复的主要依据，即使不使用逻辑日志也不会影响到数据库的正常服务。那么逻辑日志存在的意义是什么呢？逻辑日志独立于物理存储的形式使得逻辑日志易于移植，当在不同物理日志格式的数据库系统之间迁移数据时，通用格式的逻辑日志就显得十分重要。只要确定采用统一格式的逻辑日志，通过解析回放逻辑日志就可以导入另一个系统的数据。在数据迁移、日志复制、多存储引擎协调的场景下，提供逻辑日志支持可以大大简化工作流程。

逻辑日志往往需要一些额外的开销，事务在提交前不仅需要等待物理日志的持久化，也需要等待逻辑日志的刷盘。物理日志可以在事务执行期间产生和刷盘，而逻辑日志往往都是在事务提交时一次性产生和刷盘。逻辑日志的启用会影响到系统的吞吐量。另外，逻辑日志的回放相较于物理日志缓慢许多，其解析代价高于物理日志。

4.3.3 物理日志

物理日志是成熟的数据库系统必须支持的特性，也是故障恢复的基础。物理日志记录了数据的写操作，这种写操作的描述往往和物理存储上数据的组织方式直接相关。物理日志可以解析出用户对于物理存储的实际修改，但无法解析出用户执行过的逻辑操作内容。使用物理日志进行恢复，只能将所有的物理日志解析回放，以此获取数据库的最终状态。

物理日志主要分为 Redo Log 和 Undo Log 两种。Undo Log 不记录数据库元素的新值，只记录旧值。这就意味着它只能用旧值覆盖数据库元素的当前值，以此消除事务对于数据库状态的修改。Undo Log 常用于撤销事务在系统崩溃前可能还未完成的修改。Undo Log 有一个问题，在所有修改都写入磁盘之前事务不能提交，这样会导致事务在提交前需要等待所有 I/O 操作的完成。而 Redo Log 不会有这种问题。Redo Log 记录的是数据库元素的新值，恢复时会忽略未完成的事务，将已提交事务的修改重做一次。提交事务前只要 Redo Log 成功持久化存储到磁盘，则事务的修改就可以在系统崩溃后通过 Redo Log 恢复。顺序写入的日志自然比随机写入的数据 I/O 操作开销更小，提交事务前的等待时间也会更少。

Redo Log 和 Undo Log 并不是互斥的，它们在一些数据库中会协同完成一些功能，之后会提到两种日志在 MySQL 中如何共同发挥作用。

4.3.4 恢复原理

数据库在运行过程中可能会发生的故障主要有四种类型：事务错误、进程错误、系统故障和介质损坏。前两种顾名思义，而系统故障是指操作系统或硬件发生故障，介质损坏则是指存储介质不可恢复的损坏。数据库系统需要正确地处理这些故障，保证整个系统的正确性。为此，数据库系统需要支持两大特性——更新持久化和错误原子化。

更新持久化是指已经提交的事务执行的更新，在故障恢复后依然存在。而错误原子化是指未成功事务的所有修改都不可见。由于传统磁盘顺序访问性能远好于随机访问，采用日志技术的故障恢复机制，使用顺序写的日志记录对数据库的写操作，并在故障恢复后通过日志内容将数据库恢复到正确的状态。为了保证恢复时可以从日志中获取到最新的数据库状态，日志应该先于数据内容刷盘，这也就是常说的预写日志（WAL）原则。

常见的故障恢复包含三个阶段：分析、重做和撤销。分析阶段的主要任务是利用检查点和日志信息确认后续重做和撤销阶段的操作范围，通过日志修正检查点中记录的脏页集合信息，并用其中涉及的最小的日志序列编号（Log Sequence Number，LSN）位置作为下一步重做的开始位置，同时修正检查点中记录的活跃事务集合（未提交事务），作为撤销时的回顾对象。重做阶段依据分析阶段确定的开始位置，逐个重做所有日志记录的内容。需要注意的是，这其中也包含了未提交事务。最后撤销阶段对所有未提交事务利用 Undo Log 信息进行回滚，撤销所有未成功提交事务的修改。

4.3.5 MySQL 的 Binlog

MySQL 中的二进制日志（Binlog）是一种逻辑日志，该日志记录了 MySQL 服务层所做的数据修改。二进制日志功能可以在 MySQL 服务启动时通过参数指定启用。

二进制日志包含所有更新数据的语句和潜在更新数据的语句。二进制日志也包含每条更新数据的语句占用时间长短的信息。除此之外，二进制日志还包含正确的重新执行语句所需的服务层状态信息，以及错误代码和维护二进制日志本身所需的元数据信息。

二进制日志有两个重要的作用。第一个作用是复制，二进制日志常用于主从复制时发送给从服务器。二进制日志格式和处理方式中的许多细节都是为了这一目的设计的。主节点将更新事件包含在二进制日志中发送给从节点。从节点将从主节点收到的更新事件存放在中继日志（Relay Log）。中继日志的格式与二进制日志相同，从节点会执行这些更新事件，重做主节点执行过的数据修改。第二个作用是特定的数据恢复操作需要二进制日志。还原备份文件后，将重新执行在执行备份后记录的二进制日志中的事件。这些事件使数据库从备份开始就保持最新状态。

Binlog 作为逻辑日志，需要和物理日志保持一致，MySQL 通过两阶段提交协议解决这一问题。普通事务在 MySQL 中会当作内部 XA 事务处理，为每一个事务分配一个 XID。事务提交可以分为两个阶段：第一个阶段是 InnoDB Redo Log 写入磁盘，InnoDB 事务进入 Prepare 状态；第二个阶段是 Binlog 写盘，InooDB 事务进入 Commit 状态，每个事务 Binlog 的末尾会记录一个 XID Event，标志事务是否成功提交。在故障恢复的过程中，Binlog 最后一个 XID Event 之后的内容都应该被清理。

4.3.6 InnoDB 的物理日志

作为 MySQL 默认的存储引擎，InnoDB 引擎有两种非常重要的物理日志，一个是 Undo Log，另一个是 Redo Log。Undo Log 用于保证事务的原子性和 InnoDB 引擎的 MVCC，Redo Log 用来保证事务的持久性。

Undo Log 是 InnoDB MVCC 事务特性的重要组成部分。当对记录进行修改时，就会产生 Undo Log 记录，Undo Log 记录默认会被记录到系统表空间中，但从 MySQL 5.6 开始，也可以使用独立的 Undo Log 表空间。Undo Log 中存储的是老版本数据，当一个旧的事务需要读取数据时，为了能读取老版本的数据，需要顺着 Undo Log 链找到满足其可见性的记录。当版本链很长时，可以认为这是一个很耗时的操作。

大多数对数据的修改操作包含插入、删除和更新三种，其中插入操作在事务提交前只对当前事务可见，未提交前其他事务无法通过索引查找到新插入的数据，因此产生的 Undo Log 可以在事务提交后直接删除。对于更新和删除操作来说，则需要维护多个版本的信息，这类 Undo Log 在 InnoDB 引擎中被归纳为 Update_Undo，不能直接删除。

为了保证事务的并发性，每个事务可以同时写各自的 Undo Log，InnoDB 采用回滚段的方式维护 Undo Log。每个回滚段包含多个 Undo Log 槽位。0 号回滚段一般预留在系统表空间中，1 号~32 号回滚段存放于临时表的系统表空间中，33 号~128 号回滚段存放于独立的 Undo Log 表空间中（如果没有启用独立的 Undo Log 表空间，则存放于系统表空间中）。每个回滚段维护了一个段头页，在该页中又划分了 1024 个槽位，每个槽位对应一个 Undo Log 对象，因此理论上 InnoDB 最多支持 96×1024 个普通事务。

当开启一个读写事务或从只读事务转换为读写事务时，需要预先为事务分配一个回滚段。当发生数据变更时，需要使用 Undo Log 记录变更前的数据，用于维护多版本信息。插入和删除或更新分开记录 Undo Log，因此需要从回滚段中单独分配 Undo Log 槽位。当分配一个 Undo Log 槽位后，就可以向其中写入 Undo 记录了。

如果事务因为异常或被显式地回滚了，那么所有的数据变更都要改回去。这里需要借助 Undo Log 回滚事务，析取老版本记录，执行逆向操作：对于标记删除的记录，清理删除标记；对于本地更新，将数据重置回最老版本；对于插入操作，直接删除聚集索引和二级索引记录。

InnoDB 的多版本使用 Undo Log 构建，Undo Log 中包含数据更新前的镜像，如果更改数据的事务未提交，对于隔离级别大于或等于读已提交的事务而言，它不应该看到修改后的数据，而是应该给它返回老版本的数据。在修改聚集索引记录时，总是存储了回滚段指针和事务 ID，可以通过该指针找到对应的 Undo Log 记录，通过事务 ID 判断数据记录的可见性。当旧版本数据记录中的事务 ID 对当前事务而言是不可见时，则继续向前构建，直到找到一个可见的记录或者到达版本链尾部。

为了管理脏页，InnoDB 的每个缓冲池实例上都维护了一个 Flush 链表，Flush 链表上的页按照修改页的 LSN 排序。当定期做检查点时，选择的 LSN 总是 Flush 链表上最老的那个页（拥有最小的 LSN）。迷你事务（Mini Transaction）是 InnoDB 对物理数据操作的最小事务单元。每个迷你事务完成后需要将本地产生的日志拷贝到公共缓冲区，将修改的脏页放到 Flush 链表上。InnoDB 的 Redo Log 都是通过迷你事务产生的，先写到迷你事务的缓冲区中，然后再提交到公共日志缓冲区。公共日志缓冲区遵循一定的格式，它以 512 字节对齐，和 Redo Log 文件的块大小必须完全匹配。一个日志块可能包含多个迷你事务提交的记录，也可能一个迷你事务的日志占用多个日志块。

可能触发 Redo Log 写文件操作的几种场景有：Redo Log 缓冲区空间不足，事务提交，后台线程，检查点，实例关闭时，Binlog 切换时。InnoDB 的 Redo Log 采用循环覆盖写的方式，而不是拥有无限的空间。当然，即使理论上拥有极大的 Redo Log 空间，为了从崩溃中快速恢复，及时做检查点也是非常有必要的。InnoDB 的 Master 线程大约每隔 10s 会做一次 Redo Log 检查点。

除了普通的 Redo Log，InnoDB 还增加了一种文件日志类型，即通过创建特定文件，赋予特定的文件名用于表示某种操作。目前有两种类型：Undo Log 表空间删除（Truncate）操作和用户表空间删除（Truncate）操作。通过文件日志可以保证这些操作的原子性。

4.4 新型 LSM 存储引擎

PolarDB X-Engine（下文简称 X-Engine 引擎）是阿里云数据库产品事业部自研的线上交易处理（Online Transactional Processing，OLTP）型数据库存储引擎[1]。作为自研数据库 PolarDB 的可选存储引擎之一，已经广泛应用在阿里巴巴集团内部诸多业务系统中，其中包括交易历史库、钉钉历史库等核心应用，为业务大幅缩减了成本，同时也作为双十一大促的关键数据库技术，经受了数百倍平时流量的冲击。本节介绍 X-Engine 引擎的设计原理、创新技术和领先成果。

4.4.1 PolarDB X-Engine

X-Engine 引擎是从 Log-Structured Merge-Tree（LSM-tree）发展而来的低成本、高性能存储引擎，如图 4-8 所示，X-Engine 引擎的组成部分主要包括以下几方面。

1）热数据层（Hot Data Tier）。热数据层是一系列存储在内存中的数据结构的集合，包括活跃内存表（Active Memtable）、固化内存表（Immutable Memtable）、缓存（Caches）和索引（Indexes）。新插入的记录在其日志落盘后，会被插入活跃内存表之中。活跃内存表由跳跃链表实现，有很高的插入性能。当一个活跃内存表被填满后，它会被转换（Switch）成为固化的内存表，不再接收新数据；同时，一个新的活跃内存表将被构造出来用来存储服务新插入记录。固化内存表会被逐渐转储（Flush）至持久化的存储介质，如 SSD。除此以外，内存中还存储按照 LRU 规则缓存磁盘中记录的行级缓存和块级缓存（Row and Block Caches）和多版本的数据索引（Indexes）。

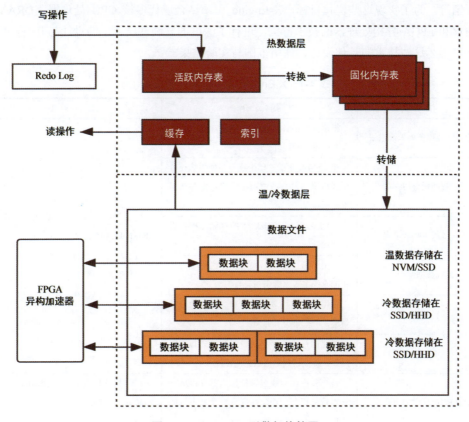

图 4-8　X-Engine 引擎架构简图

2）冷数据层（Cold Data Tier）。冷数据层是存储在持久化磁盘上的多层次结构。从内存中转储而来的固化内存表中的记录会按照数据块（Extent）的格式被插入第一个层次 L0 中。当 L0 被填满后，其中的部分数据块会被选中，通过异步的合并操作（Compaction）和 L1 中的数据块合并，并从 L0 中移出。同理，L1 中的数据块最终会被合并到 L2 中。

3）FPGA 异构加速器。X-Engine 引擎可以选择将在冷数据层内的合并操作从 CPU 处理器中卸载（Offload）到专用的 FPGA 异构加速器中进行处理[2]，提高合并操作的执行效率，降低其对 CPU 负责的其他计算任务的干扰，从而达到稳定系统性能、提高平均吞吐的目的。

X-Engine 引擎应用了一系列创新技术来降低存储成本并保证系统性能。表 4-1

中介绍了 X-Engine 引擎的主要技术创新与技术成果，其中 X-Engine 引擎的优化方向主要包括提高事务处理性能、降低数据存储成本、提高查询性能和降低后台异步任务开销等。为了实现这些优化目标，X-Engine 引擎结合现代多核 CPU 处理器、DRAM 内存和 FPGA 异构处理器的技术特点，进行了深度的软硬件结合下的设计与开发，后文将详述这些技术的具体设计、适用范围与实验结果。

表 4-1   X-Engine 引擎技术创新成果

技　术	简　介	成　果
高性能事务处理流水线	将事务中的计算与访存解耦，分别优化其并行方式和程度	数据库领域顶级会议 ACM SIGMOD 2019 论文一篇；国家发明专利授权一项；专利申请一项
智能化分层存储	在 LSM-tree 的基础上进一步使用统计方法或机器学习方法识别冷、热数据并按温度分层存储	
多版本跳跃链表	优化热点记录众多版本的存储结构，提高查询性能	
高效数据组织方式	使用了紧凑的数据块格，并优化了与之相配套的多版本索引与元数据	
轻量化合并	使用了数据块复用技术和多样化的合并策略，降低了合并开销	
高性能缓存	优化的行级缓存和块级缓存格式与访问路径，提高访问热点数据的性能	
FPGA 异构加速合并	将合并操作卸载至异构加速器 FPGA，获得性能提升、稳定性提升与功耗下降的效果	存储领域顶级会议 USENIX FA 2020 论文一篇；国家发明专利授权一项
基于机器学习的缓存预取	使用机器学习模型预测合并过程中数据的访问情况，并提前将热数据预取进缓存中，降低查询延迟	数据库领域顶级会议 VLDB 2020 论文一篇

4.4.2　高性能事务处理

本节详述 X-Engine 引擎的事务处理机制、性能优化与相应的故障恢复机制等。事务处理是 OLTP 数据库存储引擎最主要的工作之一。一个事务是一组必须一起成功或失败的 SQL 语句的集合。根据常用标准，即便是在异常情况下（如数据库运行出错、机器掉电等），数据库对事务的处理也必须满足 ACID 特性。X-Engine 的事务处理机制可以在满足 ACID 特性要求的情况下，结合多核处理器与内存的硬件特性，实现极高的事务处理性能。

1. 写路径和读路径

增、删、改、查数据库中的记录是事务处理所需要的基础能力，分别称修改记录（增、删、改）和查询记录的一系列操作为写路径和读路径。

1）写路径。如图 4-8 所示，在 X-Engine 引擎中，为了在 DRAM 内存掉电易失的情况下保证数据库中存储数据的持久化，对数据库记录的所有修改操作都要先记录在日志中并存储在持久化的存储介质（如 SSD）上，然后再存入内存的活跃内存表中。X-Engine 引擎通过两段式 Read/Write Phase 和 Commit Phase 的衔接配合来保障一个事务对记录所做的修改符合 ACID 特性，并在完成提交后对其他事务和查询可见。活跃内存表存满后被转为固化内存表，稍后再被 Flush 落盘完成持久化。

多版本活跃内存表数据结构：在高并发事务处理的情形下，多版本并发控制机制（MVCC）会造成热点记录出现众多版本，查询这些不同版本的记录会带来额外开销。为了解决这个问题，X-Engine 引擎设计了图 4-9 所示的多版本活跃内存表数据结构，其上层（浅蓝色部分）是跳跃链表结构，所有记录按主键值排序。对于一条有多版本的热点记录（如图中的 key=300），X-Engine 引擎添加了一个专用的单项链表（图中绿色部分）存储其所有的多版本数据，并按照版本号排序，最新的版本（version 99）排在最上方。由于数据访问的时间局部性，最新的版本最有可能被查询访问到，因此把它存在最上方可以降低这些热点查询的链表扫描开销。

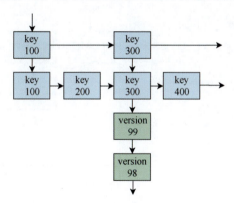

图 4-9　X-Engine 引擎多版本活跃内存表数据结构

2）读路径。如图 4-10 所示，X-Engine 引擎中的查询操作按照活跃和固化内存表（Active Memtables/Immutable）、行级缓存（Row Cache）、块级缓存（Block Cache）和磁盘的顺序依次查询数据。如上所述，内存表采用的多版本跳跃链表结构可以降低热点记录查询的开销。行级缓存和块级缓存可以分别缓存磁盘中的热数据记录或记录块，其中块级缓存还存储了用户表的元数据（Meta Date），可以减少磁盘访问的布隆过滤器（Bloom Filters）和相应索引块（Index Block）。

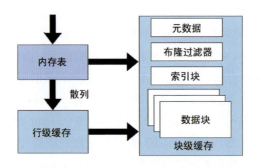

图 4-10　X-Engine 引擎缓存查询路径

2．高性能事务处理

如图 4-11 所示，X-Engine 引擎为处理每一条事务设计了一个多级的并行事务处理流水线，它具体分为读写阶段（Read/Write Phase）和提交阶段（Commit Phase）。读写阶段完成所有所需的查询和计算操作，然后将所需要进行的修改暂存入事务缓冲区（Transaction Buffer）中。

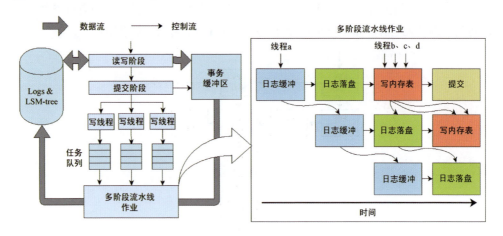

图 4-11　X-Engine 引擎事务处理流水线

在提交阶段，多个写入线程（Writer Thread）负责将事务缓冲区中的内容写入无锁的任务队列（Task Queues）。多级流水线消费任务队列中的任务，将相应的写入任务内容推入，包含日志缓冲（Log Buffering）、日志落盘（Log Flushing）、写内存表（Writing Memtables）和提交（Commit）四个阶段，完成最终处理。

这种两阶段设计实现了前后台线程解绑。前台线程在完成读写阶段后可立即返回处理下一个事务，后台线程（Writer Thread）负责访问内存完成一系列写磁盘和写内存操作。两者通过事务缓冲区交接数据，实现了同时工作于不同数据上的并行执行，交叠相应的执行时间，也提高了每个线程的指令缓存命中率，最终提高了系统吞吐率。在提交阶段中，每一个任务队列由一个后台线程负责，任务队列的数量则由系统中可用 I/O 带宽等硬件条件限制。

在四级事务流水线中，根据每个级别的特性分别优化其并行粒度。其中，第一级日志缓冲（收集一个任务队列中所有写入内容的相关日志）和第二级日志落盘由于存在数据依赖，由单一线程串行完成；第三级写内存表则由多个线程并发完成对内存表的写入；第四级提交负责释放相应的资源（如所持有的锁和内存空间等），使所有修改可见，由多个线程并行完成。所有的写入线程采取主动拉取（Pull）工作的方式，从任意级别中获取所需执行的任务。这种设计允许 X-Engine 引擎分配更多的线程，以处理带宽高、延迟低的访问内存的工作，适用较少的线程完成带宽相对较低、延迟相对较高的写入磁盘工作，提高了硬件资源的利用率。

4.4.3 软硬结合优化

1．问题背景

X-Engine 引擎后台的合并线程负责将内存数据和磁盘上的数据合并，每一层的数据量到达阈值后，也会触发和下层数据的合并，这个操作称为合并（Compaction）。及时的合并对于 LSM-tree 是非常重要的，LSM-tree 在持续高强度的写入压力下会产生形变（L0 层的数据累计过多），这会给读操作带来非常大的麻烦（由于多版本数据的影响，读操作需要顺序扫描各层并合并产生结果）。通过合并，及时消解 L0 数据，合并多版本数据，维持一个健康的读取路径长度，对于存储空间的释放及系统性能的意义重大。

图 4-12 给出了不同键值对长度下的合并操作执行时间的分布情况，在 Value 长度小于或等于 64B 的情况下，在 CPU 中消耗的计算时间占比在 50%以上。在这个现象背后是近年来存储设备读写性能的快速提升促使很多传统的 I/O 密集型操作的性能瓶颈向 CPU 漂移。

2．FPGA 卸载

虽然需要做合并操作，但不一定非得依靠 CPU 来做。一个合并任务包含了多路数据块的读取、解码、归并排序、编码和写回等阶段，对于同一个合并任务来说，前后阶段存在数据依赖，但是对于多个任务来说，并不存在数据依赖，完全可以通过流水线执行提高吞吐能力。通过将合并操作交给适合处理流水线任务的 FPGA 来执行，

CPU 可以全部服务于复杂的事务处理，从而避免了后台任务对于计算资源的侵占。如此一来，数据库系统可以一直以峰值性能处理事务。

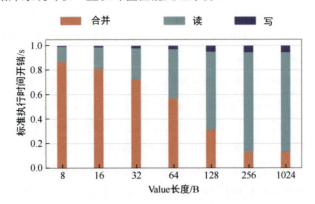

图 4-12　合并操作执行时间开销

为了适配 FPGA 加速卡，首先将 CPU 版本的合并实现改造成分批次模式。CPU 负责将合并拆分成特定大小的任务（Task），每个 Task 可以并行执行，这样可充分发挥 FPGA 加速卡上多计算单元（Compaction Unit，CU）的并行能力。在 X-Engine 中，设计了一个任务队列（Task Queue）缓存需要执行的合并任务，通过驱动器下发给 FPGA 上的计算单元执行，执行的结果会缓存在结果队列（Result Queue）中，等待 CPU 写回持久化存储。图 4-13 是 FPGA 卸载架构图。

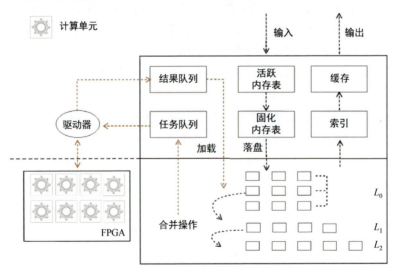

图 4-13　FPGA 卸载架构图

3．合并调度器

合并（Compaction）调度器负责构建合并任务，分发给 CPU 执行，并将合并的结果写回到磁盘上。设计了三种线程来完成整个链路：

- 构建合并任务线程：将需要合并的数据块按照范围切分，形成合并任务（Compaction Task），每一个合并任务结构体维护了必要的元信息，包括任务队列（Task Queue）指针，输入数据的起始地址（传输到 FPGA 需要做 CRC 校验保证数据正确性），合并结果的写回地址，以及后续逻辑的回调函数指针。此外，合并任务还包含返回值，标志此次合并任务是否执行成功。对于失败的任务，会调用 CPU 再次执行。通过线上运行的数据显示，大概只有 0.03% 的合并任务会被 CPU 再次执行（主要是 KV 长度过长的样例）。
- 分发线程：由于 FPGA 上存在多个计算单元，需要设计相应的分发算法，目前采用了简单的轮询调度（Round-Robin）分发策略。由于每一个下发的合并任务大小接近，实验表明不同计算单元的利用率比较均衡。
- 驱动线程：负责将数据传输至 FPGA 并通知计算单元开始工作，当计算单元任务执行完成后，会中断驱动线程将结果传回内存，并将合并任务放入结果队列中。

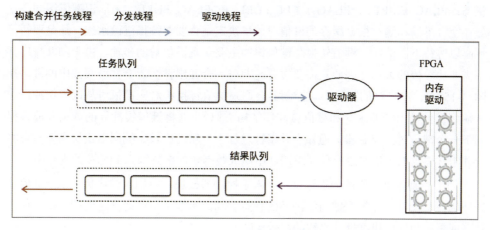

图 4-14　合并调度器

4．计算单元

如图 4-15 所示，是 CPU 合并对应的 FPGA 实现逻辑。在一个 FPGA 上可以部署多个计算单元，由驱动器进行分发调度。一个计算单元由解码器（Decoder）、键值缓冲环（KV Ring Buffer）、键值转换（KV Transfer）、键缓冲（Key Buffer）、合并组件（Merger）、编码器（Encoder）、控制器（Controller）组成。

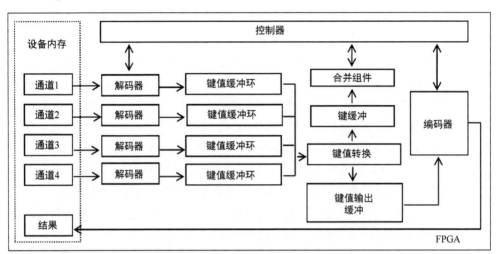

图 4-15 Compaction Unit 结构图

键值缓冲环由 32 个 8KB 的槽（Slot）构成，每一个槽中有 6KB 用于存储键值对数据，另外的 2KB 存储键值对的元信息（键值对长度等）。每一个键值缓冲环有三种状态：FLAG_EMPTY、FLAG_HALF_FULL 和 FLAG_FULL，来标识键值缓冲环是处在空、半满和满。根据缓存的键值对数量决定是否要继续推进流水线，还是要暂停解码以等待下游消耗。键值转换和键值缓冲主要负责键值对的传输，由于归并排序并不需要比较值的大小，因此只需要缓存键即可。合并组件负责合并键值缓冲中的键，在图 4-15 中，第二路的键最小，控制器会通知键值转换将对应键值对从键值缓冲环中传输到键值输出缓冲区（和键值缓冲环结构类似），并将键值缓冲环的读指针前移得到下一个键值对，控制器会通知合并组件进行下一轮的比较。编码器模块主要负责将合并组件输出的键值对进行前序编码，组织成数据块的格式写入 FPGA 的内存中。

为了控制各个阶段的处理速度，引入了控制器模块，控制器模块负责维护键值缓冲环的读写指针，并根据键值缓冲环的状态感知流水线上下游处理速度的差距，通过暂停或重启相应模块维持流水线的高效运转。

4.4.4 低成本分层存储

X-Engine 引擎在磁盘上的冷数据层应用并优化了分层存储的结构，实现了在保障查询性能的前提下，显著降低存储成本的设计目标。本节具体介绍 X-Engine 引擎为了实现这个目标在转储、合并和空间摆放等方面所做的设计和优化。

1. 转储优化

X-Engine 引擎中的转储（Flush）指将内存中的固化内存表转换为数据块格式并存入磁盘，实现数据持久化存储的操作。转储操作对存储引擎的稳定性、性能和空间效率都有重要影响。第一，通过将内存中的数据移出，转储操作会降低内存中的空间占用，释放出可供新增数据或缓存使用的内存空间。反之，如果转储操作无法被及时地执行，当有新数据持续写入时，内存空间占用会不断上升，直至系统无法存储更多的新数据，带来数据库不可用的风险。X-Engine 引擎中的转储操作与多种合并任务类型如图 4-16 所示。

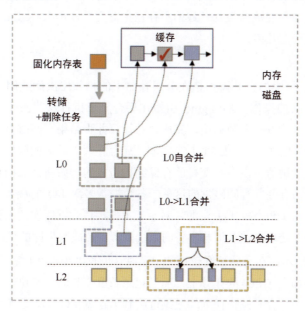

图 4-16 X-Engine 引擎中的转储操作与多种合并任务类型

第二，转储操作本身的开销与查询的开销之间存在显著的权衡关系。保证磁盘上的数据始终完全按主键值排序，且同一个层次内各个数据块之间没有主键范围的交叠，可确保主键值在任意范围内的数据记录最多只存在于一个数据块中，这样可以使得该层次上的点查询操作只需至多读取一个数据块，并将范围查询需要读取的数据块数量减为最少。但是，为了实现并保持这种全排序，每一个转储任务都要将从内存移出的固化内存表中的数据与磁盘上主键范围存在交叠的数据块进行合并，合并操作会消耗很多的 CPU 与 I/O 资源，且反复合并会带来 I/O 写放大导致加剧 I/O 消耗。这种现象会造成转储开销大、耗时长，并占用更多的系统资源，影响数据库性能的稳定性。如果弱化对磁盘上数据全排序的要求，转储开销下降，但查询开销就会提高。X-

Engine 引擎因此对转储操作的开销与查询开销之间的权衡进行了优化。

如图 4-16 所示，X-Engine 引擎中的转储操作将一个固化内存表中的数据转换为数据块格式后，直接追加在磁盘上的 L0 层，不与该层中的其他数据进行合并，显著降低了转储操作的开销。因为这种操作会造成 L0 内的数据块存在主键范围上的交叠，同一个主键范围内的记录可能同时存在于多个数据块内，提高了查询的开销，X-Engine 引擎通过把 L0 层数据总大小控制在一个极小的范围内（大约是磁盘上数据总量的 1%）来降低其对查询性能的影响。同时，对于常见的使用 OLTP 数据库的账务型数据，由于其主键往往单调递增（如订单号、流水号和时间戳等），如果负载中没有更新操作，新插入的数据与既有数据不存在主键交叠，那么 X-Engine 引擎的转储设计就不会提高查询开销。

2．轻量化异步合并

X-Engine 引擎中的合并操作指在分层存储中的相邻层次间或同一个层次内按主键范围合并数据块的操作。X-Engine 引擎在后台异步执行这些操作。一个合并操作任务需要从磁盘中读取输入数据块，完成合并计算并将结果写回磁盘中的目的层，这个过程会消耗很多的 CPU 和磁盘 I/O 资源，还存在写入放大的问题。此处的写入放大指由分层且各层键值范围存在交叠的存储结构造成的一条新插入的记录会反复从磁盘中被读出，参与合并并写回磁盘的这种一条数据、多次 I/O 的现象。同时，合并操作需要消耗大量的 CPU 和 I/O 资源，对于云上低规格数据库实例来说，这种操作会显著降低可被用于处理用户查询与事务的系统资源，造成数据库的性能下降。

如图 4-12 所示，在合并长度较短的记录时（值长度小于 64 字节），合并操作任务执行开销的瓶颈在 CPU 的计算上；而当记录长度变长时，单位合并操作所需读取和写回的数据变多，合并操作任务的瓶颈过渡到了磁盘 I/O 上。这个发现与认为合并操作都是 I/O 密集型操作的传统观点不完全相符，为 X-Engine 的优化带来了有价值的洞见。为了降低合并操作的开销，X-Engine 应用了数据块复用、流式合并和异步 I/O 等技术，分别在算法和实现两个层次降低后台合并任务的写入放大与执行开销。

3．数据块复用

X-Engine 引擎通过复用数据块（Extent 或其中的 Data block）实现从逻辑上降低合并数量的目的。如图 4-17 所示，L1 层与 L2 层的相关数据块在进行合并时，不仅复用了一些数据块，还通过拆分的方式，增加了复用的机会。

- L1 层中的[1,35]与 L2 层中的[1,30]存在交叠，但其中第二个数据块[32,35]不存在交叠，所以只需要合并其余数据块，然后将数据块[32,35]复制进新的数据块即可，降低了合并计算的任务量。

- L1 层的数据块[210,280]，L2 层的数据块[50,70]不存在与之主键范围交叠的相应数据块，可直接复用，不需要参与合并或被移动，只需要更新索引即可。
- L1 层中的数据块[80,200]中的第二个数据块[106,200]比较稀疏，在数据块[135,180]之间没有记录，所以将其拆分成数据块[106,135]和数据块[180,200]，这样 L2 中的数据块[150,170]就可以直接复用，不需要参与合并了。

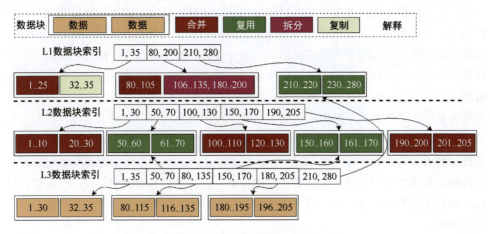

图 4-17　X-Engine 引擎合并操作中的数据块复用

4．合并器优化

为了降低合并操作的资源占用，把一个合并操作任务拆分成多个数据相互独立的子任务，并发执行，将一个子任务的 I/O 操作与另一个子任务的合并计算交叠，通过这种方式隐藏合并计算的开销，降低合并操作任务的执行时间。同时，使用异步 I/O 减少 I/O 读写数据的开销。

5．数据的空间位置摆放优化

在 X-Engine 引擎中，一条查询的目标记录在分层存储中所处的位置直接影响它的具体开销。

在冷热数据分层和层次化的冷数据层框架下，一条记录数据可能同时存在于内存（活跃内存表、固化内存表和缓存）和磁盘中的不同层次中，查询每一个位置的实际开销都不相同。例如，在磁盘上，将相对较热的数据放在 L0 层和 L1 层有利于缩短对它们的查询路径，减少访问 L2 层过程中的读放大的影响，降低查询延时。本节介绍 X-Engine 引擎在优化数据空间位置摆放上所做的设计和优化。

6．合并操作策略设计

X-Engine 引擎设计了一系列的合并类型来满足存储引擎的不同需求。表 4-2 中列举了 X-Engine 引擎中的多种合并任务类型、功能与触发方式。其中，L0 自合并、L0->L1 合并与 L1->L2 合并由相应层级的数据块个数达到由参数设定的阈值触发，用于将分层存储中各层的大小控制在预期范围内，降低查询过程中的读放大、合并过程中的写放大及由层间主键范围交叠带来的空间放大。删除合并则由内存表中删除标记的个数触发。由于 X-Engine 引擎采用仅追加（Append-only）的方式处理所有的写入操作，删除操作由向内存表中插入目标记录的删除标记实现，当删除标记的个数达到阈值时，表示当前存储了很多已经被逻辑上删除的数据，需要被彻底消除，X-Engine 引擎此时会触发专门用于消除这样记录的合并任务。碎片整理合并根据各层的空间碎片情况触发。这些碎片可能是被数据块复用、磁盘空间分配或数据删除等多种因素造成的，当累积过多时会提高查询开销、降低空间效率，需要被及时地去除。手动合并则是为数据库管理员运维数据库提供了必要手段，数据库管理员可以通过对存储引擎当前状态的判断和对数据库的需求执行特定指令，触发相应的合并来达到运维目的。通过这种合并策略，X-Engine 引擎可以通过对这些异步合并任务的调度处理数据写入性能、查询性能与存储成本开销之间的权衡，支持通过参数调整实现特定的优化目标（如最大化查询性能或最小化空间占用），保证存储引擎的性能和存储开销在预期的范围内。

表 4-2   X-Engine 引擎中的合并任务类型

合 并 类 型	功　　　能	触 发 方 式
L0 自合并	将由转储造成的 L0 层内的主键范围存在交叠的数据块合并整理，消除交叠	L0 层中存在交叠的数据块个数达到阈值
L0 -> L1 合并	选择部分 L0 层中的数据与 L1 层中的相应数据合并	L0 层中数据块个数达到阈值
L1-> L2 合并	选择部分 L1 层中的数据与 L2 层中的相应数据合并	L1 层中数据块个数达到阈值
删除	专门用于消除已被逻辑上删除了的数据的任务	内存表中删除标记的个数达到阈值
碎片整理	在 L1 层或 L2 层内部整理磁盘碎片	相应层次内碎片率达到阈值
手动合并	手动触发的特定类型的合并任务，用于满足运维目标	由 DBA 通过命令手动触发

7．智能化冷热分离

X-Engine 引擎通过分析负载的访问特征对数据实现精准的冷热分离，搭配混合存储架构实现自动归档冷数据，为用户提供极致的性价比。由于 OLTP 型业务对访问延迟非常敏感，云厂商一般采用本地 SSD 或者 ESSD 云盘作为存储介质。实际上，对于流水型业务（交易物流、即时通信等类别），大部分数据在生成后访问频次会逐渐降低，甚至不再被访问。对于这些冷数据，如果和热数据一样存储在 NVMe、SSD 等高速存储介质上，整体性价比会显著下降。

X-Engine 引擎提供自动归档冷数据的能力，通过分析日志信息，对适合冷热分离的业务自动进行冷数据归档，是业内第一个能够支持行级别数据自动归档的存储引擎[3]。X-Engine 引擎混合存储版本支持多种混合存储介质，L0 层及 L1 层推荐配置 ESSD 或者本地 SSD 保证热数据的访问性能，L2 层推荐配置高效云盘或本地 HDD，归档后冷数据节省的存储成本更加明显，如图 4-18 所示。

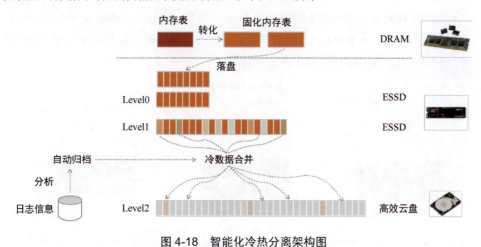

图 4-18　智能化冷热分离架构图

不同于 LRU 等传统的缓存替换置换策略，预测归档数据的时间窗口更长，也需要考虑更多的特征：

- 访问频次，以一定时间窗口进行聚合，这部分特征反映了数据访问热度的变化。
- SQL 日志的语义信息，以电商交易业务为例，订单表的访问模式直接反映了用户的购物行为。对于虚拟订单的充值，一条记录在创建后可能就不会再被访问了，对于实物交易的订单，由于涉及物流配送、签收，甚至还会涉及退货等售后环节，数据的生命周期呈现出非常复杂的分布，再加上双十一、双十二等大促活动时对于发货、收货等规则的调整，同一个负载的数据生命周期分布也会出现变化，通过简单的规则很难识别出哪些数据是冷数据，但是通过对 SQL 访问的字段进行编码作为特征，对于同一个业务而言，更新、读取某些字段和记录生命周期的不同阶段关系密切，可以较为精准地刻画一条记录的生命周期。
- 时间戳相关的特征，类似于插入时间，最后一次更新的时间，也对数据的生命周期有指导意义。

将这些特征进行组合，利用机器学习的手段，在不同业务上都得到了不错的效果（冷数据的召回率和准确率都维持在 90%以上），通过在业务低谷时期触发冷数据合并，将每天预测的冷数据合并至冷层，可以最小化冷数据迁移对正常业务的影响。

4.4.5 双存储引擎技术

PolarDB 同时支持 InnoDB 引擎和 X-Engine 引擎，其中 InnoDB 引擎负责在线业务的混合读写需求，X-Engine 引擎负责低频访问的归档数据的读写请求。图 4-19 是 PolarDB MySQL（X-Engine）双引擎的架构。

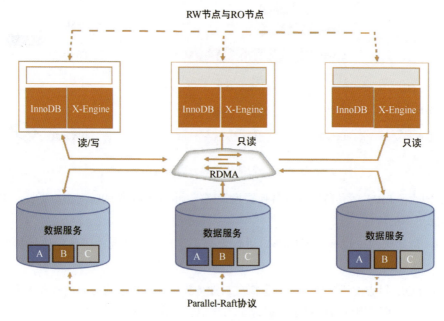

图 4-19　PolarDB MySQL (X-Engine) 双引擎架构

PolarDB 的最初版本是基于 InnoDB 引擎设计的，在 InnoDB 引擎上实现物理复制，并在此基础上支持一写多读，已经非常具有技术挑战。X-Engine 引擎是一个完整独立的事务引擎，具有独立的 Redo Log、磁盘数据管理、缓存管理和事务并发控制等模块，将 X-Engine 引擎移植进 PolarDB 并实现双引擎的一写多读更具挑战。通过大量的工程创新将 PolarDB 带入双引擎时代。

- 合并 X-Engine 引擎的事务 WAL 日志流和 InnoDB 引擎的 Redo 日志流，实现了一套日志流和传输通道同时服务于 InnoDB 引擎和 X-Engine 引擎，管控逻辑及与共享存储的交互逻辑无须做任何改变，同时当新增其他引擎时也可以复用这套架构。

- 将 X-Engine 的 I/O 模块对接到 PolarDB InnoDB 所使用的用户态文件系统 FPS 上，如此实现 InnoDB 引擎与 X-Engine 引擎共享同一个分布式块设备。同时依靠底层分布式存储实现了快速备份。
- X-Engine 引擎中实现了基于 WAL 的物理复制功能，并且一步到位地引入并行 WAL 回放机制，实现了 RW 节点与 RO 节点之间毫秒级别的复制延迟。在此基础之上，实现了在 RO 节点上提供支持事务一致性读的能力。

除了涉及 X-Engine 引擎支持一写多读需要支持的功能改造，PolarDB X-Engine 引擎还有很多项工程改进，如针对历史库场景大表 DDL 的问题，除了部分支持插入 DDL 的模式变更操作，X-Engine 引擎也支持并行 DDL 功能，对需要复制表的 DDL 操作进行加速。在 PolarDB 双引擎架构下，实现了在一套代码下支持两个事务引擎的一写多读功能，保证了 PolarDB 产品架构的简洁和一致用户体验。

4.4.6　实验评估

1．空间效率对比

本章对比 X-Engine 引擎与云计算市场中其他相关产品的空间效率。其中，InnoDB 引擎是 MySQL 数据库的默认存储引擎，被广泛使用；TokuDA 也是一款高空间效率的存储引擎产品，被公共云上很多的空间敏感型客户使用。

2．与 InnoDB 引擎对比

图 4-20 为分别使用 InnoDB 引擎和 X-Engine 存储引擎时的磁盘空间使用情况。两种存储引擎均使用默认配置，使用 SysBench 的默认表结构，每张表包含 1000 万条记录，表总数从 32 张逐渐增长到 736 张。实测数据显示，随着数据量的逐渐增长，X-Engine 引擎的空间占用的增长更慢，节省的空间越多，最多时仅为 InnoDB 的 58%。对于单条记录长度更长的场景，X-Engine 引擎有更大的存储空间优势。例如淘宝图片空间库从 InnoDB 引擎迁移到 X-Engine 引擎后，存储空间仅为 InnoDB 的 14%。

由于绝大部分的 InnoDB 引擎业务场景中未使用数据压缩，如果开启压缩，InnoDB 引擎的存储空间会压缩为之前的 67%左右，且查询性能会大幅下降，严重影响业务，以主键更新为例，其吞吐性能仅为压缩前的 10%。相比开启压缩后性能过低的 InnoDB 引擎，X-Engine 引擎是一个兼顾存储成本和性能的高性价比存储引擎。

与 X-Engine 引擎相比，InnoDB 引擎不具有分层的存储结构，使用单一的以页为

单位、以 B+ 树为数据结构的存储方式存储数据库中所有库表的数据，在磁盘上不能按照数据访问的局部性特征或冷热程度对数据采取不同的存储方式，不能有选择地对一个用户表内的部分数据进行深度压缩（如很少被访问的冷数据）。此外，X-Engine 引擎在数据块内对数据进行前缀编码，在逻辑上降低了需要被存储的数据量，并使用了紧凑的存储格式，降低了空间碎片，提高了压缩率。所以，X-Engine 引擎比 InnoDB 引擎拥有更高的空间效率。

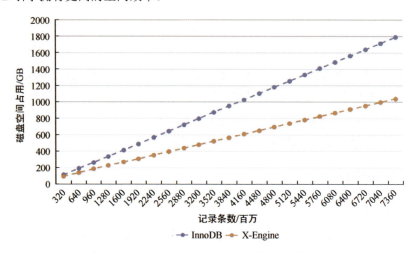

图 4-20　分别使用 InnoDB 引擎和 X-Engine 存储引擎时的磁盘空间使用情况

3．与 TokuDB 引擎对比

图 4-21 所示为分别使用 TokuDB 引擎和 X-Engine 存储引擎时的磁盘空间使用情况。TokuDB 引擎曾经也是提供低存储开销的数据库引擎，但其开发者 Percona 已经停止 TokuDB 引擎的维护，而且 X-Engine 引擎与 TokuDB 引擎相比拥有更低的存储开销，所以阿里云建议将 TokuDB 引擎的数据库迁移至 X-Engine 引擎。

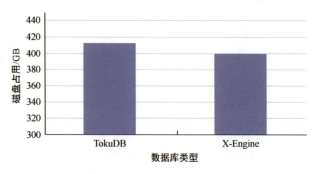

图 4-21　分别使用 TokuDB 引擎和 X-Engine 存储引擎时的磁盘空间使用情况

TokuDB 引擎采用分形树（Fractal Tree），较 InnoDB 引擎使用的 B+树而言拥有更多充满数据的叶子节点及相应的数据块，能够实现比 InnoDB 引擎更高的压缩率。但 TokuDB 引擎没有 X-Engine 引擎的分层存储设计，而 X-Engine 引擎同样拥有充满记录的数据块这一优势，结合其他空间优化，X-Engine 引擎实现了比 TokuDB 引擎更低的存储开销。

4．性能对比

X-Engine 引擎可以保证在不影响热数据查询性能的情况下，降低冷数据占用的空间，以实现降低总存储成本。主要原因如下：

- 采用层次化的存储结构，将热数据与冷数据分别存放在不同的层次中，并默认对冷数据所在的层次进行压缩。
- 对每一条记录都使用了前缀编码等减少存储开销的技术。
- 结合真实业务场景中广泛存在的局部性和数据访问倾斜现象（热数据量往往远小于冷数据量），采用分层访问。

图 4-22 为 X-Engine 引擎处理有倾斜特征的数据访问时点查询的性能情况。这项测试使用了业界常用的齐夫分布控制数据访问的倾斜程度，当倾斜程度（Zipf Factor）较高时，更多的点查询会命中缓存中的热数据，而不是磁盘中的冷数据，所以访问延迟更低，整体 QPS 性能更高，此时压缩冷数据对 QPS 的影响很小。

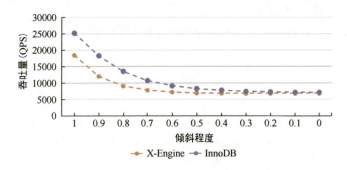

图 4-22　X-Engine 引擎处理有倾斜特征的数据访问时点查询的性能对比

简而言之，X-Engine 引擎分层存储、分层访问的方式使得业务中绝大部分访问热数据的 SQL 可以不受冷数据的影响，QPS 比均匀访问所有数据高 2.7 倍。

如果将大量存量数据（尤其是归档类数据和历史类数据）存入 X-Engine 引擎，查询存量数据时 X-Engine 引擎的性能（QPS 或 TPS）整体略低于 InnoDB 引擎。图 4-23 为各种场景分别使用 InnoDB 引擎和 X-Engine 引擎时的性能对比，通过对比可以发现 X-Engine 引擎与 InnoDB 引擎性能相近。

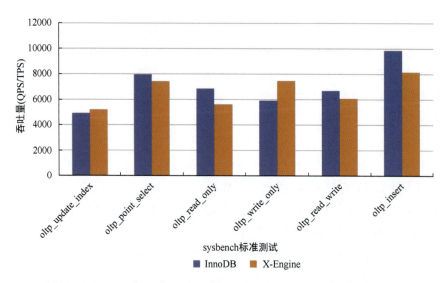

图 4-23 各种场景分别使用 InnoDB 引擎和 X-Engine 引擎时的性能对比

在大多数的 OLTP 事务型负载中，更新和点查的执行频率较高，X-Engine 引擎在这两项上的性能与 InnoDB 引擎基本持平。

由于 X-Engine 引擎的分层存储特性，X-Engine 引擎在执行范围扫描时或检查一条记录是否唯一时，需要扫描或访问多个层次，所以 X-Engine 引擎的范围查询和新记录插入性能比 InnoDB 引擎略差。

在混合场景，X-Engine 引擎与 InnoDB 引擎性能基本持平。

参 考 文 献

[1] HUANG G, CHENG X T, WANG J Y, et al. X-Engine: An Optimized Storage Engine for Large-scale E-commerce Transaction Processing. In Proceedings of the 2019 International Conference on Management of Data (SIGMOD '19). Association for Computing Machinery, 2019:651–665. https://doi.org/10.1145/3299869.3314041.

[2] ZHANG T, WANG J Y, CHENG X T, et al. FPGA-Accelerated Compactions for LSMbased Key-Value Store. 18th USENIX Conference on File and Storage Technologies (FAST20), 2020.

[3] YANG L, WU H, ZHANG T Y, et al. Leaper: A Learned Prefetcher for Cache Invalidation in LSM-tree based Storage Engines. PVLDB, 2020, 13(11): 1976-1989.

第 5 章
高可用共享存储系统

高可用是分布式系统设计中必须考虑的因素之一，本章首先从介绍分布式系统的共识算法开始，对比了 MySQL 与 PolarDB 实现高可用的方法，然后介绍了共享存储架构 Aurora 和 PolarFS 的实现，最后扩展了 PolarDB 目前关于文件系统的一些优化工作。

5.1 高可用基础

分布式系统的多个节点通过消息传递进行通信和协调，不可避免地会出现节点故障、通信异常和网络分区等问题。一致性协议可以保证在可能发生上述异常的分布式系统中，针对多个节点就某个值达成一致。

在分布式领域中的 CAP 理论认为任何基于网络的数据共享系统最多只能满足一致性、可用性和分区容忍性三个特性中的两个。

由于是分布式系统，网络分区一定会发生，天然地需要满足分区容忍性。因此，需要在一致性和可用性之间做出权衡。在实际应用中，通常采用异步多副本复制的方式保证系统的可用性和最终一致性，以牺牲强一致性的代价换取系统可用性的提升。

针对一致性，从客户端角度出发，若完成更新操作后，各副本立即达到一致性的状态，后续的读操作都能立即读到最近更新的数据，则是强一致性。若完成更新操作后，系统不保证后续读操作能够立即读到最近更新的数据，则是弱一致性。若此后没有新的更新操作，系统保证在经过一段时间后，能够读到最后一次更新的数据，则是最终一致性，它是弱一致性的一种特例。所以，牺牲强一致性并非不保证一致性，而是放开对强一致性的限制，允许存在一个"不一致窗口"，在用户可接受的时间范围内达成一致性，从而保证最终一致性。这个不一致窗口的大小取决于多副本达成一致性状态的时间。

5.1.1 Primary-Backup

与单点系统相比，分布式系统具有较高的不稳定性，常常会出现节点故障或链路故障，导致某个节点或数个节点处于故障状态，无法对外提供正常的服务。这就要求分布式系统有完善的容错机制，当出现上述问题时，系统在整体上可以继续响应客户端的请求，最好在用户层面甚至不会感知到系统出现故障。服务级的高可用并不要求故障产生之后所有节点均处于可用状态，而是系统可以自动协调剩余未发生故障的节点来保证服务不中断。

在数据库领域，经常使用恢复时间目标（Recovery Time Objective，RTO）和恢复点目标（Recovery Point Objective，RPO）两个维度的指标衡量系统的高可用性。

RTO 指的是灾难发生后，系统恢复正常服务所需要的时间。在最理想的情况下，RTO为零，即灾难发生后系统可以即刻恢复，容灾的能力强；反之，则系统长时间甚至永远处于故障状态。RPO 指的是灾难发生时系统所能容忍的数据丢失。例如，灾难发生后，系统需要在 1h 内恢复正常，RTO 即为 1。与 RTO 类似，在理想情况下，RPO为 0，即保证数据无任何丢失，如图 5-1 所示。

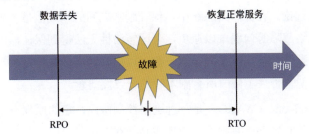

图 5-1　RPO 与 RTO

在分布式存储系统中，常常利用复制的技术存储多个副本。当出现节点故障或链路故障时，系统可以将服务自动转移到其他副本上，保证继续对外提供服务的能力。对于主备复制而言，对于同一个节点的多个副本，其中一个副本被称为主副本（Primary），其余的副本称为备副本（Backup）。

主备复制分为两种不同的情况——同步主备复制和异步主备复制。以一个简单的复制问题为例，对于异步主备复制而言，客户端发来一个事务请求至服务端，主副本在修改本地信息后通知客户端事务请求完成，并将日志同步至其余备副本，备副本根据日志修改本地信息后，通知主副本同步成功。

同步主备复制与异步主备复制的区别在于，同步主备复制主副本需要得到所有备副本的回复才可以提交事务，如图 5-2 所示。由异步主备复制的原理可知，它不能保

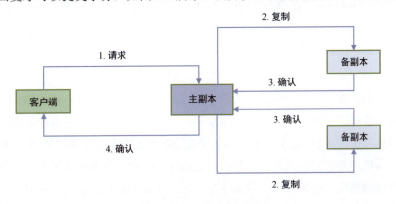

图 5-2　同步主备复制流程图

证 RPO 为 0，但以此换来了系统更好的响应速度和性能表现，缺点是容易造成操作的丢失，放弃了一定的一致性。同步主备复制可以保证 RPO 为 0，数据不易丢失，但由于需要等待所有备副本的回复，响应时间取决于最慢的备副本。

5.1.2 Quorum

根据 CAP 理论，在分布式系统中，保证副本之间的一致性是一个关键问题。由于节点宕机、网络故障等问题难以避免，分区容错性无法得到保证，因此设计分布式系统时一般在一致性和可用性之间寻求平衡，以更好地满足业务需求。多副本的引入提高了可用性，但也带来了修改所有副本时的一致性问题。

Write all read one（WARO）是一种副本控制协议，它的原理十分简单。顾名思义，它要求在更新时确保所有副本都更新成功，在查询时可以从任意一个副本读取数据。WARO 保证了所有副本一致性，但也产生了新的问题。它虽然增强了读取的可用性，但导致系统负载不均衡，更新存在极大的延迟，同时由于更新操作需要在所有副本都完成，一旦存在一个节点出现异常的情况，则系统的更新完全失效。

Quorum 是由 Gifford 在 1979 年提出的一种一致性协议，它基于鸽巢原理，通过对一致性和可用性的权衡，保证高可用和最终一致性。

在 Quorum 机制下，在一个拥有 N 个副本的系统中，更新操作在 W 个副本执行成功，才认为该更新操作执行成功；读取时，至少读取到 R 个副本才认为此次读操作成功。为了保证每次读取时能够读到最近更新的数据，Quorum 要求 $W + R > N$ 且 $W > N/2$，即保证写入和读取的副本集合必须存在交集，写入的副本占副本总数一半以上。当 $W = N$、$R = 1$ 时，Quorum 就转化为 WARO，因此 WARO 可以看作 Quorum 的一种特例，Quorum 可在 WARO 的基础上对读取和更新进行权衡。针对更新操作，Quorum 能够容忍 $N-R$ 个副本异常；针对读操作，能够容忍 $N-W$ 个副本异常。针对同一份数据，更新操作和读取操作无法同时进行。

此外，Quorum 机制无法保证强一致性，对于更新操作完成后，各副本无法立即达到一致性的状态，后续的读操作无法立即读到最近更新的提交，因为通过 Quorum 机制只能保证每次都能读到最近更新的数据，但无法确定该版本的数据是否被成功地提交。因此，在读到的 R 个副本中，如果最新版本的数据出现的次数小于 W，需要继续读取其他副本，直到最新版本的数据出现了 W 次，此时可以认为该最新版本的数据已被成功提交；如果读完其他副本后，该版本的数据出现次数仍不足 W 次，则将 R 中第二新的版本作为最新被成功提交的数据。

在分布式存储系统中，可以根据不同的业务需求调整不同的 N、W、R 值。例如，针对频繁执行读请求的系统，$W = N$ 而 $R = 1$，这样可以保证读取一个副本就可以快速得到结果；针对要求快速写的系统，$R = N$ 而 $W = 1$，舍弃一定的一致性而获得更好的写性能。

5.1.3 Paxos

Paxos[1]是 Leslie Lamport 于 1990 年提出的一种共识算法，它基于消息传递，具有高度的容错性，可以在一个不考虑拜占庭错误、可能发生节点宕机或网络异常等故障的分布式系统中，快速正确地在集群内对某个值达成一致，并保证系统各个节点的一致性。需要注意的是，在实际系统中，这个值并不一定是某个数字，也有可能是一条需要达成共识的日志或命令。

Paxos 中的节点分为提议者（Proposer）、接受者（Acceptor）和学习者（Learner）三种角色。Proposer 提出提案，提案信息包括提案编号和提案值；Acceptor 收到提案后可以接受（Accept）提案，若提案获得多数 Acceptor 的接受，则称该提案被批准（Chosen）；Learner 只能"学习"被批准的提案。对于 Paxos 中的每个节点来说，它可以同时是多个角色。

Paxos 提出了两点要求——Safety 和 Liveness。Safety 要求只有一个值被批准，一个节点只能学习一个已经被批准的值，这保证了系统的一致性；Liveness 要求只要在大部分节点存活且可以相互正常通信的情况下，Paxos 会最终批准一个被提议的值，一旦一个值被批准，其他节点最终会学习到这个值。

Paxos 的主要思路是 Proposer 在提出提案前，需要先了解大多数 Acceptor 最近一次接受的提案，以此确定自己本次提出的提案值并发起投票。当获得大多数 Acceptor 接受后即认定提案被批准，并告知 Learner 此提案的信息。Paxos 主要分为两个阶段——Prepare 阶段和 Accept 阶段。Paxos 流程如图 5-3 所示。

1．Prepare 阶段

Proposer 选择一个新的提案编号 n，并向所有 Acceptor 广播包含此提案编号 n 的 Prepare 请求，请求中不包含提案值。值得注意的是，对于此提案编号 n，需要确保唯一且大于 Proposer 使用或观测到的其他值。

Acceptor 收到请求后，更新其收到过的最小提案编号，如果在这一轮 Paxos 流程中没有回复和接受过提案编号大于或等于 n 的请求，则返回之前接受的提案编号和提案值，承诺不再返回小于 n 的提案。

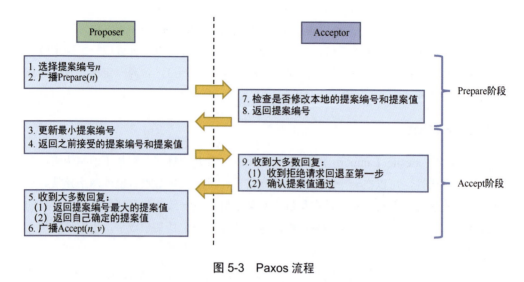

图 5-3　Paxos 流程

2．Accept 阶段

当 Proposer 收到大多数 Acceptor 对自己提出的 Prepare 请求的回复时，选择所有回复中被接受的提案编号最大的提案值作为本次提案值，如果没有收到被接受的提案值，则由自己确定提案值。之后，Proposer 向所有 Acceptor 广播提案编号和提案值。

Acceptor 收到提案后检查提案编号，若不违反 Prepare 阶段自己不再返回小于 n 的提案的承诺，则接受该提案并返回提案编号，否则拒绝该提案，要求 Proposer 回退至第一步重新执行 Paxos 流程。

Acceptor 接受提案后，将该提案发送给所有的 Learner，Learner 确认该提案被大多数 Acceptor 接受，然后认定提案被批准，该轮 Paxos 结束。其中，Learner 也可以将被批准的提案广播给其他的 Learner。

Paxos 主要用于解决在多个副本之间对一个值达成一致的问题，例如在主节点出现故障后重新选主节点或在多节点之间实现日志同步等。Paxos 算法虽然在理论上被证明是可行的，但由于其本身难以理解，也没有给出伪代码级的实现，在算法描述和系统实现之间有着巨大的鸿沟，导致最终的系统往往建立在一个还未被证明的协议之上。因此，实际系统中很少有和 Paxos 算法相似的实现。

在实际应用中，一个典型的场景是需要对一堆连续的值达成一致。一个直接的做法是对每个值均执行一次 Paxos 过程，但每轮 Paxos 过程需要执行两次 RPC，开销较大，且两个 Proposer 可能会依次提出编号递增的提案，引发潜在的活锁问题。由此出现了 Multi Paxos 算法，它引入了 Leader 角色，只允许 Leader 发起提案，消除了大部分 Prepare 请求，并保证每个节点最终拥有全部且一致的数据。

以日志复制为例。Leader 可以发起一轮 Prepare 请求，请求内容包含整条日志而非只是其中一个值，之后发起 Accept 确定多个值，因此减少了一半的 RPC。Prepare 使用议案编号阻止旧的提议，同时检查日志，寻找已经被确定的日志项。一个 Leader 选举的方法如下：节点都有各自的 ID，默认 ID 值最大的节点作为 Leader，每个节点以 T 为时间间隔对外发送心跳，如果在 $2T$ 时间内没有收到高于自己 ID 的心跳信息，则自己成为 Leader。此外，为了保证所有节点拥有全部最新日志，Multi Paxos 做了如下设计：

- 在后台会持续地发送 Accept RPC，确保所有的 Acceptor 回复，保证节点的日志可以被同步至其他节点；
- 每个节点标记每个日志项是否被批准和第一个未被批准的日志项，以帮助追踪已被批准的日志项；
- Proposer 需要告知 Acceptor 已被批准的日志项，以帮助 Acceptor 更新日志；
- Acceptor 在回复 Proposer 时，会告知自己第一个未被批准的日志项下标，若 Proposer 第一个未被批准的日志项下标更大，则向 Acceptor 发送默认的未被批准的日志项。

5.1.4 Raft

Raft[2]是一种容易理解、易于构建实际系统的一致性协议。它将一致性算法分解成了领导者选举、日志复制和安全性三大模块，通过首先选举出一个领导者（Leader），由领导者负责日志管理实现一致性，大大简化了需要考虑的状态，增强了可理解性，降低了工程实践的难度。

1．节点状态

Raft 集群中的节点共有三类状态，分别是领导者（Leader）、跟随者（Follower）和候选人（Candidate），其中 Leader 节点只有一个，其他节点全部是 Follower。Raft 会首先选举出一个 Leader，由 Leader 完全管理副本日志。Leader 负责接收所有客户端的日志条目，并复制到其他的 Follower 节点，在安全时告知各个 Follower 把这些日志条目应用到各自的状态机上。如果 Leader 出现故障，则 Followers 会重新选举出新的 Leader。Follower 自身不发送任何请求，只负责响应来自 Leader 和 Candidate 的请求，如果 Follower 接收不到消息，它会转换成 Candidate 并发起 Leader 选举，获得集群中大多数选票的 Candidate 将成为 Leader。

Raft 把时间分割成任意长度的任期，每个任期都有一个任期号，每进行一次 Leader 选举，都会开启一个新的任期。如果 Leader 或 Candidate 发现自己的任期号过时，会立刻切换为 Follower 状态；如果一个节点收到包含过时任期号的请求，则会拒绝这个请求。Follower、Candidate 和 Follower 的转换关系如图 5-4 所示。

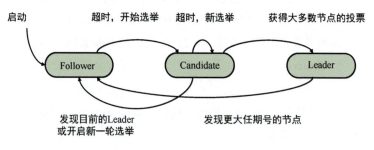

图 5-4　Follower、Candidate 和 Follower 转换关系

2．Leader 选举

Raft 通过心跳机制触发 Leader 选举。在初始状态下，每个节点都是 Follower。Follower 节点与 Leader 节点通过心跳机制保持连接，如果一段时间内未接收到任何消息，Follower 认为系统没有可用的 Leader，并发起 Leader 选举。

发起选举的 Follower 节点增加本地的当前任期号，由 Follower 状态切换到 Candidate，然后它会给自己投票并将投票请求发送给其他的 Follower 节点。每个 Follower 节点可能会收到多个投票请求，但它只能按照先到先得的原则投出一票，且获得投票的 Candidate 节点所拥有的日志信息不能比自己更旧。

Candidate 等待其他 Follower 节点的投票回复，收到的回复可能会出现以下三种结果：

- Candidate 节点收到了超过半数的投票，赢得选举，成为 Leader，此时它会向其他节点发送心跳消息，维持自身的 Leader 地位，并阻止新选举的产生。
- Candidate 节点收到了其他节点发来的任期号更大的消息，这表示其他节点当选为 Leader，此时 Candidate 会切换为 Follower 状态。如果 Candidate 收到了更小的任期号，节点会拒绝这次请求，并继续保持 Candidate 状态。
- 若各个 Candidate 节点均未获得超过半数的选票，则选举超时。此时每个 Candidate 节点通过增加当前任期号开始一轮新的选举。为防止多次选举超时，Raft 使用随机选举超时时间的算法，每个 Candidate 开始一次选举时，会设置一个随机选举超时时间，防止多个 Candidate 节点同时超时、同时开始下一轮选举，从而减少在新的选举中选票被瓜分的可能性。

3. 日志复制

每个服务器节点都有基于复制日志实现的复制状态机，若状态机的起始状态相同，从日志中获取的执行指令和执行顺序也相同，则状态机的最终状态也一定相同。

当 Leader 选举出来后，系统对外提供服务。Leader 接收客户端发来的请求，每个请求包含一个作用于副本状态机的命令。Leader 将每个请求封装成一个日志条目，追加到日志尾部，同时将这些日志条目按顺序并行地发送给 Follower。每个日志条目都包含一个状态机命令和 Leader 收到该请求时的当前任期号，此外还包括该日志条目在日志文件中的位置索引。当日志条目被安全地复制到多数节点，该日志条目被称为 Committed，Leader 向客户端返回成功，并通知各个节点按照相同的顺序将日志条目中的状态机命令应用到复制状态机，此时该日志被称为 Applied，如图 5-5 所示。

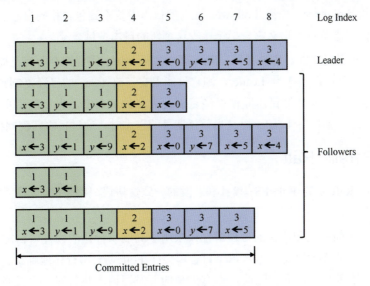

图 5-5　Raft 日志复制过程

可以看出，Raft 日志复制是一个 Quorum 过程，能够容忍 $n/2-1$ 个副本失败。Leader 会在后台为落后的副本补完日志。

为了保证 Follower 的日志与 Leader 一致，Leader 需要找到 Follower 与其日志一致的索引位置，并让 Follower 删除该位置后的日志条目，然后再将自己在该索引位置后的条目发送给 Follower。此外，Leader 为每个 Follower 维护了一个 nextIndex，用来表示 Leader 将要发送给该 Follower 的下一条日志条目索引。当一个 Leader 开始它的任期后，会将 nextIndex 初始化为它最新日志条目索引+1，如果 Follower 在一致性检查过程中发现自己的日志索引和 Leader 不一致，则拒绝接受该日志条目。Leader

收到响应后将 nextIndex 递减，然后重试，直到 nextIndex 达到一个 Leader 和 Follower 日志一致的位置。此时，来自 Leader 的日志条目会被追加成功，Leader 和 Follower 的日志达成一致。因此，Raft 日志复制机制具有以下特性：

- 如果在不同日志中的两个日志条目拥有相同的日志索引和任期号，那么这两条日志存储了相同的状态机命令。该特性源于 Leader 在一个任期内最多可以在一个指定的日志索引位置创建一个日志条目，且日志条目在日志中的位置不会改变。
- 如果在不同日志中的两个日志条目拥有相同的日志索引和任期号，那么它们之前的所有日志条目也全部相同。该特性源于一致性检查。Leader 在发送新日志条目时，会把新日志条目的前一个日志条目的日志索引和任期号同时发送给 Follower，如果 Follower 在它的日志中找不到包含相同日志索引和任期号的日志条目，那么它会拒绝接收这个新的日志条目。

为了防止已提交的日志被覆盖，Raft 要求 Candidate 需要拥有所有已提交的日志条目。若一个节点新当选为 Leader，则它只能提交当前 term 的已经复制到大多数节点上的日志，旧任期号的日志即使已经复制到大多数节点上，也不能由当前 Leader 直接提交，而是需要在 Leader 提交当前任期号的日志时，通过日志匹配间接提交。

5.1.5 Parallel Raft

Parallel Raft 是为 PolarFS[3]设计和开发的一致性协议，用来保证存储数据的可靠性和一致性。

Raft 为了简单性和协议的可理解性，采用了高度串行化的设计，日志在 Leader 和 Follower 上都不允许有空洞，每个日志项会被 Follower 串行化地确认、被 Leader 提交并被应用所有副本上。因此，当有大量的并发写请求执行时，会按顺序依次提交。处于队列尾部的请求必须等待之前的请求已被持久化到硬盘上并返回后才会被提交和返回，这增加了平均延迟，也降低了吞吐量，如图 5-6 所示。

Parallel Raft 打破了串行化的限制，通过乱序确认、乱序提交实现日志复制的性能优化；通过 Raft 框架保证协议的正确性，并根据实际应用场景实现乱序应用。

乱序确认（ACK）：当收到来自 Leader 的一个日志项后，Raft 中的 Follower 会在该日志项及其之前所有的日志项都持久化后，再发送 ACK。Parallel Raft 中的 Follower 会在收到任何日志项后均立即返回 ACK，从而降低了系统的平均延迟。

乱序提交（Commit）：Raft 中的 Leader 串行提交日志项，一个日志项只有在之前的所有日志项都被提交后才能被提交。Parallel Raft 中的 Leader 在一个日志项的多数副本被确认后即可提交。

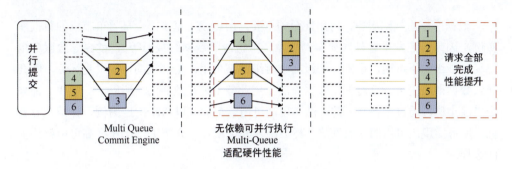

图 5-6　Parallel Raft 设计思路

乱序应用（Apply）：Raft 中所有日志项都按照严格的次序应用，因此所有副本的数据文件是一致的。但在 Parallel Raft 中，由于乱序确认和乱序提交，各个副本的日志可能在不同的位置都出现空洞，因此需要保证在前面日志项有缺失时，安全地应用一个日志项，如图 5-7 所示。

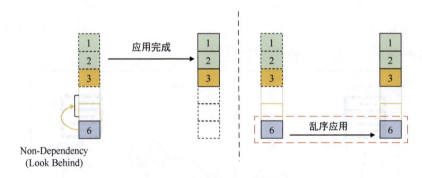

图 5-7　Apply 过程

为此，Parallel Raft 引入一种新型数据结构——Look Behind Buffer——来解决应用时日志项缺失的问题。Parallel Raft 的每个日志项都附带有一个 Look Behind Buffer，该结构中存放了前面 N 个日志项修改的逻辑块地址（Logical Block Address，LBA）摘要信息。通过 Look Behind Buffer，Follower 能够知道一个日志项是否有冲突，即是否有缺失的前序日志项修改了范围重叠的 LBA。没有冲突的日志项能够被安全地应用；如果有冲突，它们会被加到一个 Pending List，等待之前缺失的冲突日志项应用后，才会接着应用。

通过上述的异步确认、异步提交和异步应用，Parallel Raft 能够在日志项写入和提交时避免了次序造成的额外等待时间，从而有效缩减高并发三副本的平均延时。

5.2 集群高可用

数据库作为基础服务，可用性至关重要，所以线上基本不会部署单节点的数据库实例，因为一旦发生意外（如实例故障、主机故障及网络故障等），就会导致服务出现轻则秒级的不可用，重则分钟级、小时级的不可用；更严重的，如果是坏盘，则会导致数据彻底丢失，这对使用数据库的上层业务来说是致命的。所以，一般线上都采用搭建集群，通过主备复制的方法实现高可用。下面先以 MySQL 为例，介绍业界数据库服务实现高可用的一般做法，然后结合其优缺点，介绍 PolarDB 在高可用架构上的选择。

5.2.1 MySQL 集群高可用

MySQL 支持主备模式，即启动若干个独立的数据库实例，然后有一个作为 Master 实例接收用户的写入请求，其他的实例作为 Slave 连接 Master 实例，通过 Binlog 同步 Master 实例上写入的数据。这样一旦 Master 实例不可用，可以将服务切至 Slave 实例继续服务，实现高可用。

MySQL 主备复制流程如图 5-8 所示，主要有三个线程，包括 Master 实例上的 Binlog dump 线程，Slave 实例上的 I/O 线程及 SQL 线程。

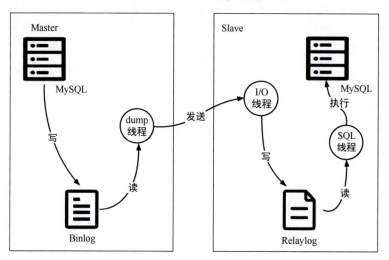

图 5-8　MySQL 主备复制流程

（1）Binlog dump 线程

当主库中接收到写入请求，有数据更新时，会将此次更新的事件内容写入自己的

Binlog 文件中，此时主库上的 Binlog dump 线程（建立主备关系时创建的）会通知 Slave 实例有数据更新，并将这次写入 Binlog 里的内容传给 Slave 的 I/O 线程。

（2）I/O 线程

I/O 线程是 Slave 实例上连接 Master 实例的线程，它会向 Master 实例请求指定 Binlog 位置的连接位点，然后不断地将之后 Master 实例发来的 Binlog 内容存到本地的 Relaylog 中。Relaylog 和 Binlog 日志一样也是记录了数据更新的事件，它也是按照递增后缀名的方式，产生多个 Relaylog（文件名类似于 host_namerelay-bin.000001 的格式）文件，Slave 会使用一个 Index 文件（host_name-relay-bin.index）追踪当前正在使用的 Relaylog 文件。

（3）SQL 线程

SQL 线程检测到 Relaylog 有更新后，会读其内容并解析，将发生在主库的事件在本地重新执行一遍，来保证主从数据同步。值得注意的是，Binlog 里记录的是用户的 SQL，也就是说 Slave 实例在解析到 Master 实例发来的 Binlog 内容后，等同于收到用户请求，然后从 SQL 解析开始重新完整地执行一次这条语句。

最常见的 Binlog 同步模式是异步复制模式，即 Master 实例写完 Binlog 之后，不需要等待确认这条 Binlog 已经发送给 Slave 实例，而是直接返回，所以如果发生宕机，那么就可能存在一些已经返回给用户说写入成功的，但还没来得及同步给 Slave 实例的数据，此时如果切换到 Slave 实例，那么这部分数据就会丢失。

当然，MySQL 也可以用半同步方式优化这个问题，即 Master 实例写完 Binlog 后，需要等待至少一个 Slave 实例确认收到这条 Binlog 后才返回给用户说写入成功，这样在数据一致性上有了一些提升，但等 Slave 实例同步的开销导致写入效率会有所下降。

为了能够更高效地实现高可用，MySQL 实现了基于 Paxos 一致性协议的组复制（MySQL Group Replication，MGR）集群，Binlog 的复制通过 Paxos 协议达成多数派，切换之后仍然可以保证数据不丢失。

MySQL 在诞生之初就被设计为一款支持多引擎的数据库管理系统，不同的存储引擎能够以插件的形式被快速地集成起来，对于不同的业务场景，可以选择合适的存储引擎。例如，MyISAM 拥有较高的插入和查询速度，但是不支持事务；MEMORY 把数据全部放到内存中，但不支持持久化；InnoDB 提供完整的事务特性和持久化能力，也是目前使用最广泛的存储引擎。多存储引擎之间的数据无法共享，且格式不统一，不利于数据库的复制。Binary Log（简称 Binlog）屏蔽了存储引擎的异构，提供统一的数据格式，可以很方便地将数据同步到下游，是复制模块的基础日志。

MySQL 在互联网时代得到了广泛的应用，除了自身的稳定高效，快速灵活的水平扩展能力被认为是其成功的关键，其背后就是基于 Binlog 的复制技术。

1．复制模式

在 MySQL 5.6 之前，是根据 Binlog 位点复制的，简单来说就是 Master 上的 Binlog 文件名和文件偏移，称为位点协议。Replica 节点在建立复制时，发送一个初始的位点，从 Replica 拉取日志并应用。这种协议不够灵活，不能构建复杂的拓扑结构。

在 MySQL 5.6 之后，提出了全局事务 ID（Global Transaction Identifiers，GTID）复制协议，GTID 可以唯一地标识节点上的一个事务，基本的格式为：

GTID = source_id:transaction_id

source_id 可以唯一地标识复制拓扑中的一个节点，transaction_id 是节点内事务的序号。当 Replica 构建复制时，会发送自己的 GTID 集合，Master 收到之后可以算出一个初始的位点。并且有了 GTID，一个事务在复制拓扑中流转时，就可以判断事务是否在当前节点执行过。例如互为主备的两个节点，事务复制到下游之后，还会被重新拉取回来，这样根据已经执行过的事务 GTID 就可以过滤掉。如图 5-9 所示的事务复制拓扑结构，假设 Master 1 执行事务（1，1），会复制到 Master 1、Master 2 和 Replica 三个节点，但是在 Master 1 应用时，就可以根据 GTID 判断该事务已经在本地执行过了。

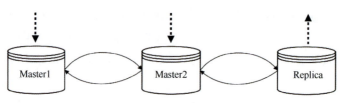

图 5-9　事务复制拓扑结构

2．数据一致性

因为 Binlog 是会被下游拖取的，其中的数据必须是已经在存储引擎中提交的事务，一个事务可能跨多个存储引擎，需要保证 Binlog 和一个或多个存储引擎之间的一致性。MySQL 使用了分布式数据库中的两阶段提交算法，由 Binlog 作为协调者，存储引擎作为参与者。事务提交的顺序就变成：存储引擎 Prepare（持久化）→Binlog 提交（持久化）→存储引擎 Commit (不需要持久化)。

一次事务提交需要两次持久化操作，这样在崩溃恢复时，就可以根据 Binlog 是否已经完整持久化，决定各个存储引擎中的 Prepare 事务需要提交还是回滚。持久化本身就是比较耗时的操作，并且 Binlog 中的事务是有序的，这样就导致 MySQL 打开 Binlog 之后，写性能有明显的下降。

5.2.2 PolarDB 高可用

正如第 3 章所描述的，与 AWS Aurora 一样，PolarDB 也是采用共享存储一写多读的架构。和传统的主从节点各自维护一份独立数据的架构相比有明显的优势。首先，是存储成本的降低，一份存储数据可以同时支撑一个可写节点和多个只读节点；其次，可以获得极致的弹性，在独立数据存储的架构中，新增只读节点需要首先做数据的复制，这个复制时间是与数据总容量相关的，实践上可能会花费数小时甚至数天的时间，但在共享存储的结构下，由于不需要复制数据，可以做到分钟级别；最后，由于只读节点看到的是与主节点相同的磁盘数据，同步过程只需要更新内存状态即可，因此大大缩短了同步延迟，这一点也会在稍后详细介绍。下面重点介绍在共享存储一写多读的架构下，PolarDB 实现高可用的一些关键技术。如图 5-10 所示为 PolarDB 共享存储架构，其中 RW 代表可写节点，RO 代表只读节点，PolarStore 为分布式文件系统 PolarFS。

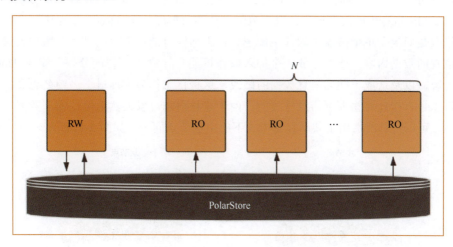

图 5-10　PolarDB 共享存储架构

1．物理复制

（1）逻辑复制

在主从结构的数据库系统中，从节点需要提供读服务。主从节点之间通常会采用同步日志的方式保持一致，在传统节点独立数据存储的架构中，通常采用的是逻辑复制的模式，也就是同步逻辑日志的模式，比如 MySQL 中的 Binlog。

在共享存储的架构中，5.3.1 节中逻辑复制的方式会有问题。由于 Binlog 中记录的是事务对数据库的操作，是在事务提交时才能产生的，但真正对数据库数据的修改却是在事务过程中随时发生的，当有并发访问时，对数据库数据修改的顺序和事务提交的顺序可能是不一致的。以 B+ 树为例，即使插入同样的一批数据，如果顺序不一致，其产生的 B+ 树结构有可能是不一样的。这里的插入同一批数据可以理解为按照同样的顺序提交插入事务，但是由于事务间的竞争，可能导致事务执行的顺序不一致，从而插入顺序不一致。这样就导致从节点上最终的数据物理结构跟主节点是不一样的。这点在传统从节点独享数据的模式下是没有问题的，但在共享存储的结构下就变得不可接受，因为 Redo Log 是针对磁盘页（Page）的修改，若是数据物理结构不一致，相同 Redo Log 重放的结果会不一致。因此共享存储下需要新的主从复制方式。

（2）物理日志

除了像 Binlog 这种逻辑日志，基本所有的数据库系统中还会有一份预写日志（WAL），比如 MySQL 中的 Redo Log。这种日志最初是被设计来支持数据库的故障恢复的，即在修改真实的数据库中的数据页之前，会先将对数据页的修改内容写入 Redo Log 中，一旦这时数据库因为任何原因发生故障，在重启的过程中都可以通过重放 Redo Log 中的内容还原到发生故障之前的数据库状态。Redo Log 中每个记录的修改是局限于单个磁盘页的，不像逻辑日志那样可能在重放的过程中影响大量不同位置的数据内容，比如重放一个插入操作可能会导致 B+ 树的分裂，修改 Undo 页内容，以及造成一些元信息数据的修改，这种日志称为物理日志。顾名思义，物理日志是直接针对物理页信息修改的。由于这种日志可以天然地保持物理数据的一致性，可以将其改造用于共享存储模式下的主从节点同步，如图 5-11 所示。

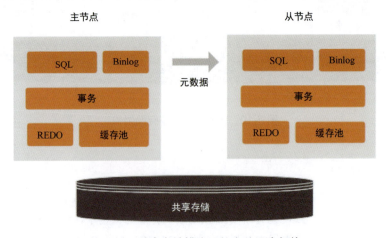

图 5-11 共享存储模式下的主从同步架构

在这种模式下，主从节点之间看到的是共享存储上的同一份数据、同一份 Redo Log。主节点只需要将一个当前日志完成写入的位置告诉从节点，之后从节点自己从共享存储上读取这份 Redo Log 更新自己的内存状态即可。重放 Redo Log 一定可以获得跟主节点同样的物理结构，也就保证从节点内存结构中的信息和共享存储中的持久化数据是完全对应的。

（3）物理复制实现

Redo Log 在数据库系统引擎的最下层，记录最终对数据页的修改。与上文提到的逻辑复制相对应，采用物理复制的共享存储主从架构中，复制模式是自下而上的，如图 5-12 所示。从节点从共享存储中读取 Redo Log 进行解析和应用，同时更新内存中的缓存数据页信息、事务信息、索引信息及其他一些状态信息。

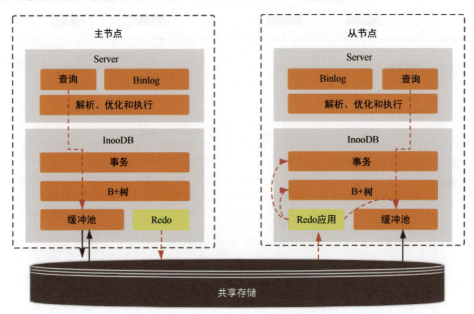

图 5-12　共享存储模式下的同步流程

（4）复制延迟对比

除了上述复制执行逻辑的区别，物理复制还在复制延迟方面有显著的优势。由于逻辑复制是事务级别的复制，即事务在主节点上提交完成后才可以在从节点上开始执行，那么复制延迟可以简单地计算为：

$$Delay = TransactionTime + TransmissionTime + ReplayTime$$

当有执行时间很长的大事务时，这个时间就会变得难以接受。物理复制在这一点上则不同，由于物理复制的目的是在物理页的层面上保持主从节点的一致，而 Redo Log 具有可以在事务执行时不断写入的特性，使得从节点也可以采用和主节点同样的方式做事务的回滚和多版本并发控制（MVCC），因此物理复制可以实时地发生在事务的整个执行过程中。此时物理复制的复制延迟变成：

$$Delay = TransmissionTime + ReplayTime$$

由于访问同一份 Redo Log 时 TransmissionTime 可以很小，而 Redo Log 的 ReplayTime 又仅仅是针对一个页的内容，相对于 Binlog 又非常小，因此物理复制的复制延迟比逻辑复制小得多，且和事务大小无关，通常在毫秒级别。物理复制与逻辑复制的延迟对比如图 5-13 所示。

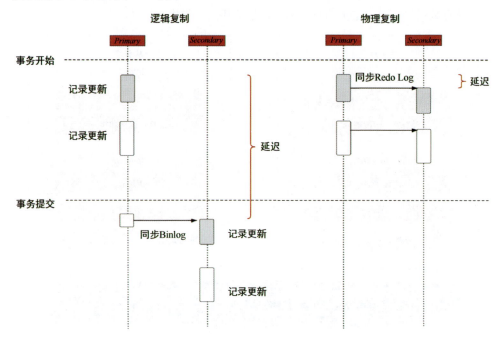

图 5-13 物理复制与逻辑复制的延迟对比

（5）物理复制下的 Binlog

云原生数据库实现了更高效的物理复制技术，集群内的同步完全可以通过物理复制完成，但是物理复制的 Redo Log 和 InnoDB 存储引擎强依赖，无法被其他引擎或者同步工具识别。在有很多场景中，数据库的数据需要实时地同步到下游，例如同步到下游分析库中做报表、用户自建备库等。经过多年的发展，Binlog 已经作为上下游生态的一种标准日志格式，因此在物理复制技术下，数据库仍然需要支持 Binlog。

在共享存储架构下比较容易解决，Binlog 照常写入共享存储即可，图 5-14 所示为非共享存储的物理复制，Binlog 可以使用另外一条复制链路（逻辑复制链路）传到 Standby，但是两个日志链路没有同步关系，如果发生异常切换，那么可能出现 Standby 上 Binlog 和数据的不一致。

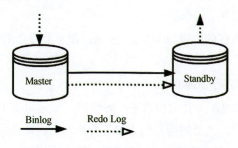

图 5-14 非共享存储的物理复制架构

为了解决这个问题，阿里巴巴提出了 Logic Redo 的方案，目的是赋予 Redo Log 解析出逻辑日志 Binlog 的能力。把 Binlog 和 Redo Log 融合在一起，这样就不存在双日志同步的数据一致问题。Logic Redo 架构如图 5-15 所示。

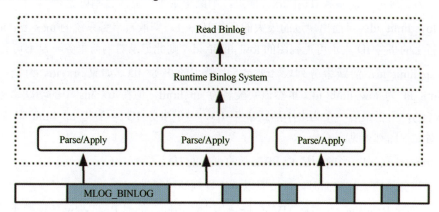

图 5-15 Logic Redo 架构

Binlog 将会被打散存储，但是对外提供的接口仍然是一个连续的文件，Runtime Binlog System 维护内存文件结构，从日志文件中解析，提供统一 Binlog 和 Redo Log 的接口。

2．逻辑一致性

云原生数据库在一写多读的架构下，RW 节点与 RO 节点基于 Redo Log 实现一致。Redo Log 是在事务执行时不断写入的，所以 RO 节点在读取 Redo Log 时需要保证与 RW 节点中的事务状态一致。此时需要对 RO 节点进行并发控制，使 RO 节点在逻辑层面与 RW 节点事务保持一致，即逻辑一致。然后，在 RO 节点上重放 Redo Log 时，由于事务提交顺序与数据修改顺序不同，可能会导致各个节点即使有相同的 Redo Log，物理结构却可能不同。此时需要通过并发控制使得各个 RO 节点能读到相同的物理结构，保证物理一致性。

本节介绍逻辑一致性的快照与 MVCC 实现，在下节将介绍如何保证物理结构 B+ 树的一致性。

（1）一致性读的实现：ReadView

ReadView 是可读视图，其实相当于一种快照，里面记录了系统中当前活跃事务的 ID 数组及相关信息，主要用途是用作可见性判断，判断当前事务是否有资格访问该行数据。ReadView 有多个变量，这里对关键变量进行描述。

trx_ids：该变量存储了活跃事务列表，也就是 ReadView 开始创建时其他未提交的活跃事务的 ID 列表。例如事务 A 在创建 ReadView 时，数据库中事务 B 和事务 C 还没提交或者回滚结束的事务，此时 trx_ids 就会将事务 B 和事务 C 的事务 ID 记录下来。若记录的当前事务 ID 在 trx_ids 里，则此记录不可见，否则可见。

low_limit_id：目前出现过的最大的事务 ID + 1，即取自事务系统的 max_trx_id。记录行上的事务 ID 大于可见视图的 low_limit_id，则此记录对当前事务一定不可见。

up_limit_id：活跃事务列表 trx_ids 中最小的事务 ID，如果 trx_ids 为空，则 up_limit_id 为 low_limit_id。虽然该字段名为 up_limit，但在 trx_ids 中的活跃事务号是降序的，所以最后一个为最小活跃事务 ID。对于事务 ID 小于此 up_limit_id 的记录，对此视图都可见。

creator_trx_id：当前创建 ReadView 的事务的 ID。

当事务访问某行数据时，可按照以下步骤判断可见性：

- 创建 ReadView（根据 MVCC 隔离级别的不同，创建 ReadView 的次数不同，详见下文）。
- 若记录的 trx_id（即数据的版本号）< up_limit_id，说明在 ReadView 产生前，此版本的生成事务已经提交，记录可见。
- 若 trx_id > low_limit_id，说明 ReadView 产生后，此版本的生成事务才产生，记录不可见。
- 若 up_limit_id < trx_id < low_limit_id，若 trx_id 在 trx_ids 之中，生成事务仍活跃，记录不可见；若 trx_id 不在 trx_ids 中，生成事务已提交，记录可见。

MVCC 只支持 RC（读取已提交）和 RR（可重复读）隔离级别，对两个隔离级别实现的差异在于其产生的 ReadView（快照）的次数不同。

RR：可重复读隔离级别，避免了脏读和不可重复读，存在幻读问题。MVCC 对该级别的实现就是在当前事务中只有第一次进行普通的 Select 查询，才会产生 ReadView，后续所有的 Select 都是复用这个 ReadView，这个事务一直使用这个快照进行快照查询，在事务结束后才释放。虽然避免了不可重复读，但存在幻读，禁止幻读可以通过 Next-Key Locks 算法的间隙锁和记录锁实现。

RC：每次进行普通的 Select 查询都会产生一个新的快照，每个 Select 语句开始时，都会重新将当前系统中所有的活跃事务拷贝到一个列表生成 ReadView，虽然并发性更好且避免了脏读，但会存在不可重复读和幻读问题。

（2）一写多读架构下的版本正确性实现

PolarDB 是基于 Redo Log 物理复制实现的一写多读共享存储集群。读实例和写实例共享一份数据。所以记录中的隐藏字段，在 RW 节点和 RO 节点来看也是完全一样的。为了实现 RW 节点和 RO 节点一写多读框架下实现版本读取的正确性，核心是要保证 RW 节点和 RO 节点之间的事务状态一致。事务状态的同步通过 Redo Log 同步活跃事务状态。一个事务的开始是可以通过 MLOG_UNDO_HDR_REUSE/MLOG_UNDO_HDR_CREATE 的 redo 类型来识别的，而一个事务的提交可以通过在 PolarDB 中新加的 MLOG_TRX_COMMI 标志。这样在 RO 节点上通过应用这些 Redo Log，就可以同步地识别当前哪些事务已经提交，哪些事务还是活跃的。这样在 RW 节点和 RO 节点之间就可以保持一致的事务状态。

RR 隔离级别下的 RW 实例和 RO 实例如图 5-16 所示。

RW实例	RO实例
	set transaction_isolation='repeatable-read';
	Begin; Select * from t1; =====>(1,1) 和 (2, 2)
Insert into t1 values(3,3);	
	Select * from t1; =====>(1,1) 和 (2, 2)
	Commit;
	Select * from t1; =====> (1,1), (2, 2) 和 (3, 3)

图 5-16　RR 隔离级别下的 RW 实例和 RO 实例

该例子左边是 RW 实例，右边是 RO 实例。仍然满足 RR 隔离级别下的 MVCC 的非锁定一致读；同样在 RO 隔离级别下，一样实现了 MVCC 的非锁定一致读。

3．物理一致性

索引结构作为影响系统性能的关键因素之一，对数据库系统在高并发场景下的性能表现具有重大的影响。除了常规的查询、插入、删除和更新等操作，B+树中还存在一类结构修改操作（Structural Modification Operation，SMO）。例如，当某一棵树节点的空间不足以插入一个新记录时，该节点将会分裂成两个节点，并将新节点插入上一层的父节点中，这会导致树结构发生变化。如果缺乏正确的并发控制机制，当 B+树正在执行 SMO 操作时，同时执行的其他操作可能看到一个中间状态的树结构，无法查询到应有的记录，甚至访问到无效的内存地址导致访问失败。因此，在云原生数据库中，物理一致性主要指的是：即使多个线程同时访问或修改同一棵 B+树，每个线程看到的 B+树的结构也是一致的。

显然使用一把大的 Index 锁可以解决上述问题，然而这会导致十分糟糕的并发性能。从 1970 年 B+树提出至今，学术界有大量论文尝试优化 B+树在多线程场景下的性能，这些文章被广泛发表在数据库或系统领域顶级会议 VLDB、SIGMOD 和 EuroSys 上。然而，在"计算存储分离+一写多读"的云原生架构下，RW 节点和多个 RO 节点的内存是独立的，维护了不同的 B+树副本，但主节点和多个只读节点上的线程可能同时访问同一棵 B+树，这就引入了跨节点的物理一致性问题。

本节首先介绍 InnoDB 中 B+树的并发控制机制，即传统单节点架构下保证 B+树的物理一致性的方法，接着描述一写多读架构下 PolarDB 保证 B+树物理一致性的方法。

（1）传统架构下 B+树的物理一致性保证

正确的 B+树并发控制机制需要满足以下几点要求：

- 正确的读操作。R.1，不会读到一个处于中间状态的键值对，即读操作访问中的键值对正在被另一个写操作修改；R.2，不会找不到一个存在的键值对，即读操作正在访问某个树节点，这个树节点上的键值对同时被另一个写操作（分裂或合并操作）移动到另一个树节点，导致读操作没有找到目标键值对。
- 正确的写操作。W.1，两个写操作不会同时修改同一个键值对。
- 无死锁。D.1，不会出现死锁，即两个或多个线程发生永久堵塞（等待），每个线程都在等待被其他线程占用并堵塞了的资源。

PolarDB MySQL 5.6 以及之前的版本采用了一种较为基础的并发机制，它采用了两种粒度的锁——Index 粒度的 S/X 锁和 Page 粒度的 S/X 锁（在本文中等同于树节点粒度）。前者被用来控制对树结构访问及修改操作的冲突，后者被用来控制对数据页访问及修改操作的冲突。

首先，介绍本文伪代码中需要使用的一些标记。

- SL（Shared Lock）：共享锁—加锁；
- SU（Shared Unlock）：共享锁—解锁；
- XL（Exclusive Lock）：互斥锁—加锁；
- XU（Exclusive Unlock）：互斥锁—解锁；
- SXL（Shared Exclusive Lock）：共享互斥锁—加锁；
- SXU（Shared Exclusive Unlock）：共享互斥锁—解锁；
- R.1/R.2/W.1/D.1：并发机制需要满足的正确性要求。

下文将以伪代码的形式详细分析读写操作的过程。

在 Algorithm 1 中，读操作首先对整棵 B+树加 S 锁（Step1），其次遍历树结构直到对应的叶节点（Step2），接着对叶节点的 Page 加 S 锁（Step3），再释放 Index 的 S 锁（Step4），然后访问叶节点的内容（Step5），最后释放叶节点的 S 锁（Step6）。从上述步骤可以看出，读操作通过 Index 的 S 锁，避免在访问到树结构的过程中树结构被其他写操作修改，从而满足 R.2 的正确性要求。其次，读操作到达叶节点后先申请叶节点页的锁，再释放 Index 的锁，从而避免在访问具体的键值对信息时，数据被其他写操作修改，满足 R.1 的正确性要求。由于读操作在访问树结构的过程中对 B+树加的是 S 锁，所以其他读操作可以并行访问树结构，减少了读-读操作之间的并发冲突。

```
/* Algorithm1. 读 操 作 */
Step 1.   SL(index)
Step 2.   遍历树结构直到对应的叶节点
Step 3.   SL(leaf)
Step 4.   SU(index)
Step 5.   访问叶节点的内容
Step 6.   SU(leaf)
```

因为写操作可能会修改整个树结构，所以需要避免两个写操作同时访问 B+树。为了解决这个问题，Algorithm 2 采用了一种较为悲观的方案。每个写操作首先对 B+树加 X 锁（Step1），从而阻止了其他读写操作在这个写操作执行过程中访问 B+树，避免它们访问到一个错误的中间状态。其次，它遍历树结构直到对应的叶节点

（Step2），并对叶节点的 Page 加 X 锁（Step3）。接着，它判断该操作是否会引发 Split/Merge 等修改树结构的操作。如果是，它就修改整个树结构（Step4）后再释放 Index 的锁（Step5）。最后，它在修改叶节点的内容（Step6）后，释放了叶节点的 X 锁（Step7）。虽然悲观写操作通过索引粒度的互斥锁满足了 W.1 的正确性要求，然而因为写操作在访问树结构的过程中对 B+树加的是 X 锁，所以它会堵塞其他的读/写操作，这在高并发场景下会导致糟糕的多线程扩展性。这是否存在可优化的空间呢？请接着看下文。

```
/* Algorithm2. 悲观写操作 */
Step 1.  XL(index)
Step 2.  遍历树结构直到对应的叶节点
Step 3.  XL(leaf)    /*  lock prev/curr/next leaves  */
Step 4.  判断该操作是否会引发 Split/Merge 等修改树结构
Step 5.  XU(index)
Step 6.  修改叶节点的内容
Step 7.  XU(leaf)
```

实际上，因为每一个树节点页可以容纳大量的键值对信息，所以 B+树的写操作在多数情况下并不会触发 Split/Merge 等修改树结构的操作。因此，相比于 Algorithm 2 中的悲观思想，Algorithm 3 采用了一种乐观思想，即假设大部分写操作并不会修改树结构。在 Algorithm 3 中，写操作的整个过程与 Algorithm 1 大致相同，它在访问树结构的过程中，持有树结构的 S 锁，从而支持其他读/乐观写操作同时访问树结构。Algorithm 3 与 Algorithm 1 的主要区别在于写操作对叶节点持有 X 锁。在 MySQL 5.6 中，B+树往往优先执行乐观写操作，只有乐观写操作失败时才会执行悲观写操作，从而减少了操作之间的冲突和堵塞。不管是悲观写操作还是乐观写操作，它都通过索引粒度或者页粒度的锁避免相互之间修改相同的数据，所以满足 W.1 的正确性要求。

```
/* Algorithm3. 乐观写操作 */
Step 1.  SL(index)
Step 2.  遍历树结构直到对应的叶节点
Step 3.  XL(leaf)
Step 4.  SU(index)
Step 5.  修改叶节点的内容
Step 6.  XU(leaf)
```

对于死锁问题，MySQL 5.6 采用的是"从上到下，从左到右"的加锁顺序，不会出现两个线程加锁顺序成环的现象，所以不会出现死锁的情况，满足 D.1 的正确性要求。

从 PolarDB MySQL 5.6 版本升级到 5.7 版本的过程中，B+树的并发机制发生了比较大的变化，主要包括以下几点：第一，引入了 SX 锁（SX 锁与 S 锁不冲突，只与 SX/X 锁相冲突，从而减少对读操作的堵塞操作）；第二，写操作尽可能只锁住修改分支，减少加锁的范围。因为读操作/乐观写操作与 5.6 版本类似，本章不做赘述，仅介绍悲观写操作的伪代码。

在 Algorithm 4 中，写操作首先对树结构加 SX 锁（Step1），在遍历树结构的过程中对被影响的分支加 X 锁（Step2～4），对叶节点加 X 锁（Step5），然后修改树结构后释放非叶节点和索引的锁（Step6～8），最后修改叶节点并释放锁（Step9～10）。写操作和无死锁的正确性与前文相似，不做赘述。相比于 PolarDB MySQL 5.6，PolarDB MySQL 5.7 中的悲观写操作不会再锁住整个树结构，而是锁住被修改的分支，从而没有冲突的读操作可以并发执行，减少了线程之间的冲突。PolarDB MySQL 8.0 采用了和 PolarDB MySQL 5.7 类似的加锁机制。

```
/* Algorithm4. 悲观写操作 */
Step 1.  SX(index)
Step 2.  While current is not leaf do {
Step 3.      XL(modified non-leaf)
Step 4.  }
Step 5.  XL(leaf)    /* lock prev/curr/next leaf */
Step 6.  修改树结构
Step 7.  XU(non-leaf)
Step 8.  SXU(index)
Step 9.  修改页节点
Step 10. XU(leaf)
```

（2）一写多读架构下 B+树的物理一致性保证

不同于传统 InnoDB 只需要保证单节点 B+树的物理一致性，在一写多读架构下，PolarDB 要同时保证多个只读节点上并发线程同样能读到保证一致性的 B+树。PolarDB 依赖于物理复制，将 SMO 操作通过回放 Redo Log 的方式同步到只读节点内存中的 B+树上。物理复制是以磁盘页粒度为基本单位的，同步 Redo Log。然而，一次 SMO 操作必然影响多个树节点，这可能打破了 Apply SMO 的 Redo Log 时的原子性，可能导致只读节点上并发线程读到不一致的树结构。

最简单的解决方式是，当只读节点发现 Redo Log 中包含 SMO 的日志时，即 B+树发生了结构变更时，例如页合并或分裂，需要禁止用户线程对 B+树进行检索。因此，当主库上的 Mtr（Mini-Transaction，是 Redo Log 的集合）在提交时，如果持有索引的排他锁，并且一个 Mtr 中的变更超过一个页时，则将涉及的索引 Id 写到日志中；备库在解析到该日志时，会产生一个同步点：完成已经解析的日志；获取索引的 X 锁；完成日志组回放；释放索引的 X 锁。

虽然这种方式能有效地解决上述问题，但是过多的同步点显著影响了 Redo Log 的同步速度，可能导致只读节点过高的同步延迟。为了解决这个问题，PolarDB 引入了版本号的机制。该机制在所有只读节点维护了一个全局计数器 Sync_counter，该计数器被用于协调 Redo Log 同步机制和用户读请求的并发执行，从而保证 B+树的一致性。具体操作如下：

- 在解析 Redo Log 阶段，只读节点会收集所有执行 SMO 操作的索引 id，并递增 Sync_counter；
- 获取所有受 SMO 影响的索引的 X 锁，并在 index 内存结构上维护最新的 Sync_counter 副本，然后释放索引的 X 锁。由于访问 B+树的请求同样需要持有索引 S 锁，X 锁就能确保 B+树的访问操作都在该操作完成后执行；
- 当用户请求遍历 B+树时，它会检查索引的 Sync_counter 副本是否与全局的 Sync_counter 一致。如果相等，说明 B+树可能处于 SMO 操作，这时它需要依赖 Redo Log 将它访问的索引页更新到最新的版本；如果不相等，就无须做 Redo Log 的回放工作。

通过上述乐观方式，PolarDB 在很大限度上减少了应用 SMO Redo Log 时对并发 B+树请求的干扰，在保证跨节点的物理一致性前提下，明显提升了只读节点的性能。

4．DDL 解决方案

（1）DDL 基本概念与核心逻辑

DDL（Data Definition Language）是标准 SQL 定义的重要组成部分，其功能就是定义数据的模式，为目标数据集设定一套逻辑结构，使得目标数据集中的所有条目都按照这套既定的结构处理。其主要内容包括数据库创建，表及表上索引，视图的创建、修改和删除等。在 MySQL 中，DDL 主要由 CREATE、ALTER 和 DROP 三个关键字引导。

在时间、空间和灵活性三者的权衡中，MySQL 几乎抛弃了灵活性，从而使用了数据定义与数据存储分离的逻辑。在这种逻辑中，每一条存储在 MySQL 中的物理数据都不包含解释自身所需要的全部信息，它们必须借助独立存储的数据定义（DD）才能被正确地解释和操作，于是 DDL 常常伴随着表数据的全量修改操作，因而成了 MySQL 所有操作中最为繁重的一种，在大数据量场景下，单条 DDL 的执行耗时甚至可以达到天级。

同时，DDL 面临着与 DQL（Data Query Language）和 DML（Data Manipulation Language）的并发问题。为了控制并发，保证数据库操作的正确性，MySQL 引入了元数据锁（MetaData Lock，MDL），DDL 操作可以通过独占 MDL 来阻塞 DML 和 DQL，从而进行并发控制。然而在生产环境中，长时间阻塞 DML 等操作严重影响了业务逻辑。为了解决这一问题，MySQL 5.6 版本引入了 Online DDL 技术。Online DDL 使得 DDL 可以与 DML 并行执行，其核心逻辑在于引入了 Row_log 对象，用于记录 DDL 执行过程中的 DML 操作，然后在 DDL 执行完成后重放这些增量。这种朴素的方案有效地解决了 DDL 和 DML 的并发问题。自此，MySQL 的 DDL 基本逻辑趋于成熟，并一直沿用到最新的 8.0 版本。

（2）Instant DDL

在前面介绍的 DDL 核心逻辑中，MySQL 有效地解决了 DDL 和其他操作的并发问题。然而 DDL 过程伴随的全量数据操作仍然是存储引擎的巨大负担。为了解决这一问题，MySQL 8.0 开始引入了 Instant DDL 技术。该技术允许 MySQL 在 DDL 操作时仅修改数据定义，而不修改实际存储的物理数据。这种完全不同于之前 DDL 逻辑的方案通过在数据定义和物理数据中存储更多信息，从而帮助物理数据被正确地解释和操作，本质上是 DD 多版本技术的一种简化方案。然而，由于兼容性等一系列复杂的工程问题，目前 Instant DDL 只支持在表末尾增加列这一种操作，Instant DDL 技术在其他操作上的扩展问题仍任重道远。值得一提的是，PolarDB 由于面临云上天然存在的大规模数据场景，因而对 Instant DDL 技术尤为重视，已经将 Instant DDL 拓展到 5.7 版本等更低的版本，并将支持的操作范围进行了扩大。

（3）Parallel DDL

在 DDL 和诸多类型中，有一类必然涉及全量数据的操作，如创建索引等。这类操作即使是在 Instant DDL 思路下也无法规避大量数据操作的问题，为此 Parallel DDL 技术被引入。这是 PolarDB 特有的存储引擎并行服务系统在 DDL 场景下应用的典型例子，借助存储引擎内部的并行服务系统，DDL 全量数据的扫描和索引构建等 I/O 密集操作被切分成若干执行单元。这些执行单元可由并行服务系统适时调度，并最终正确地完成整个的 DDL 操作，从而极大地降低了 DDL 操作的耗时，尤其是在大规模数据的场景中。Parallel DDL 和 Instant DDL 是未来解决 DDL 繁重弊端的重要组合拳。

（4）一写多读架构下 DDL 面临的问题与解决方案

在一写多读架构下，常规逻辑和新功能的引入都会让 DDL 面临新的问题和挑战。由于多个节点共享同一份物理数据，因此 DDL 过程中数据定义（DD）的一致性问题凸显了出来。在写节点执行 DDL 操作时，所有节点必须读取到一致的 DD 信息，否则数据操作将产生错误。为此，PolarDB 使用了并行 MDL 同步技术，在写节点执行 DDL 过程中，通过适时地同步 MDL 信息到其他只读节点，使得整个 DDL 周期内所有节点在 DDL 操作的目标表上处于一种一致状态，从而保证 DDL 过程中所有节点上的数据操作结果一致。此外，在某些类型的 DDL 操作中，并行 MDL 同步技术还允许写节点异步操作，即写节点不需要等待和读节点达到一致状态，而只需单向地向读节点传递 MDL 状态信息，随后即可立刻继续执行 DDL 逻辑，从而极大地提高了 DDL 过程中整个集群的处理能力。

在 PolarDB 中，存在跨可用区部署、按时间点还原等需求，因此像创建索引这种操作也需要写 Redo Log，以满足回放这些操作的需要。然而，对只读节点而言，这些 Redo Log 并不是必需的，相反，解析和回放这些 Redo Log 会带来巨大的 CPU 和内存资源负担。为了解决这一问题，PolarDB 将这类 Redo Log 进行了标记，使得只读节点可以识别和丢弃它们，从而降低 CPU 和内存消耗。实际上，在诸如此类的不同节点角色和不同应用场景下，不同类型 Redo Log 采用不同处理逻辑的方案，为 PolarDB 的功能支持和性能平滑做出了巨大贡献。

5.3 共享存储架构

计算和存储分离架构是云原生数据库的重要特征之一，数据库的不同实例可以访问同一个分布式存储系统，共享同一份数据。底层存储系统向数据库提供高可靠、高可用和高性能的存储服务，数据库可以用最低的代价水平扩展，极大地提高了整个系统的弹性。典型的数据库共享存储架构如图 5-17 所示。数据库的所有节点共享同一个存储系统上的数据，其中主节点对外提供读写服务，只读节点对外提供只读服务。用户可以在不复制任何数据的情况下随时新增只读节点。

基于共享存储的数据库系统具备以下优点：

- 计算节点和存储节点的机器硬件能独立定制。比如计算节点倾向于拥有更多、更强的 CPU 和更大的内存，而存储节点需要考虑更大的硬盘容量。
- 多个存储节点上的资源能够形成统一的存储池，这有利于解决存储空间碎片化、节点间负载不均衡和空间浪费等问题。同时，存储系统的容量和吞吐量更容易进行水平扩展。
- 存储系统保存了数据库的所有数据，因此数据库实例可以在计算节点间快速迁移和扩展，而无须复制数据。

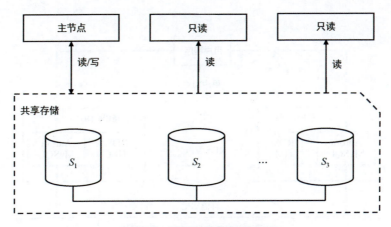

图 5-17 数据库共享存储架构

本节将介绍共享存储架构数据库 Aurora 的存储系统，以及下一代云原生数据库 PolarDB 的分布式文件系统 PolarFS。

5.3.1 Aurora 存储系统

Aurora[4]是 Amazon Web Services（AWS）专为云打造的关系数据库，其采用计算存储分离架构，分别位于不同的 VPC（Virtual Private Cloud）中。如图 5-18 所示，用户通过用户 VPC 接入应用，在 RDS（Relational Database Service）VPC 内进行 RW 节点与 RO 节点间交互，数据的缓冲区和持久化存储于存储 VPC 中。这样实现了 Aurora 在物理层面上计算与存储的分离。存储 VPC 中由多个挂载与本地 SSD 的存储节点组成，被称为 EC2 VMs 集群。这种存储结构使 Aurora 中的一写多读可以共享同一个存储空间，只需通过网络传输 Redo Log，可以快速增加只读副本。

Aurora 是在 EC2、VPC、Amazon S3、Amazon DynamoDB 和 Amazon SWF 等产品的基础上构建的，并不像 PolarDB 一样有专门的 PolarFS 作为文件系统。在了解 Aurora 的存储系统前需了解一下这些基础产品。

1. Amazon S3

全称为 Amazon Simple Storage Service，是一个全球存储区域网络，表现成一个容量超大的硬盘。它可以为任何应用程序的存储提供基础架构。S3 中存储的基本实体称为"对象"，对象存储于"桶"中，在架构上只有两层。对象由数据和元数据组成，这里的元数据常指描述对象的 Key-Value 对。桶内提供了对象的组织存储方式，用来归类数据。S3 的操作界面十分简单，用户可以使用简单的命令操作桶中的数据对象。

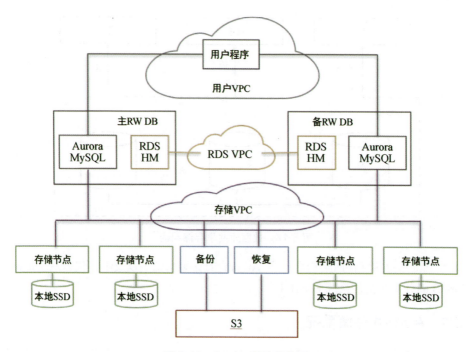

图 5-18　Aurora 整体架构图

2．Amazon DynamoDB

是一个 Key-Value 存储系统，它牺牲了某些场景下的一致性以达到高可用、高扩展性和去中心化。Dynamo 的存储模型是一个 Key-Value 映射表，采用一致性散列算法来减少节点变动导致数据迁移时的开销。DynamoDB 多个副本间不提供强一致性保证，只提供最终一致性，即保证没有更新操作的情况下，所有副本在有限时间内可以同步到最新版本。

3．Amazon SWF

全称为 Amazon Simple Workflow Service，可以帮助开发人员轻松构建分布式组件中协调工作的应用程序，可以将它理解成云中完全托管的任务协调器。开发者可以不必跟踪任务的进度或维护它们的状态，借助 Amazon SWF 忽略底层复杂性，却能完全控制任务的执行和协调。

如图 5-19 所示，Aurora 底层存储系统负责 Redo Log 的持久化和页的更新，还有过期日志记录的回收。它需要定期将数据备份上传到 Amazon S3 中。存储节点挂载在本地 SSD 上，所以刚刚提到的 Redo Log 的持久化、页的更新都不需要跨网络传输，只需要通过网络传输 Redo Log 即可。存储系统的元数据，例如数据是如何分布的、软件的运行情况等，则是存储于 Amazon DynamoDB 中，使用 Amazon SWF 支持 Aurora 的长时间自动化管理，例如数据库的恢复和数据的复制。

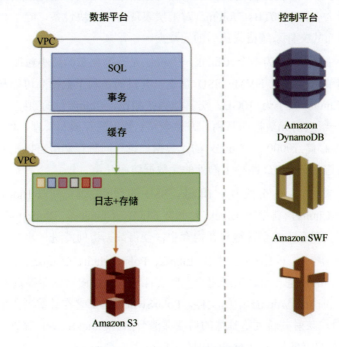

图 5-19　Aurora 存储架构图

5.3.2　PolarFS

PolarDB 是阿里巴巴自主研发的下一代云原生关系数据库，它的主要特色之一是计算存储分离架构，数据库把日志和数据都存储到分布式文件系统 PolarFS 中，前者专注于数据库内部逻辑，后者保证存储服务的高可靠、高可用和高性能。PolarFS 采用了轻量的用户空间网络栈和 I/O 栈，弃用了对应的内核栈，目的是充分发挥 RDMA 和 NVMe SSD 等新兴硬件的潜力，极大地降低分布式数据访问的端到端延迟。基于 PolarFS 的共享存储设计，各个计算节点共享同一份底层数据，因此 PolarDB 可以快速增加只读实例，而无须数据拷贝。

PolarFS 内部主要分为两层，最底层是存储资源的虚拟化管理，负责为每个数据库实例提供一个逻辑存储空间（Volume），在此之上是文件系统元数据管理，负责在逻辑存储空间上实现文件管理，并负责元数据并发访问的同步和互斥。PolarFS 将存储资源进行了抽象和封装，分为 Volume、Chunk 和 Block，以求资源的高效组织和管理。

Volume 为每个数据库实例提供独立逻辑存储空间，其容量可以根据数据库需求动态变化，最大支持 100TB。Volume 对上层表现为一个块设备，除了数据库文件，它也保存了分布式文件系统格式化后的元数据。

Volume 内部被划分为多个 Chunk，Chunk 是数据分布的最小粒度，每个 Chunk 只存放于存储节点的单个 NVMe SSD 盘上，其目的是利于数据高可靠和高可用的管理。典型的 Chunk 大小为 10GB，与其他系统相比，Chunk 大了很多，这可以降低 Volume 的第一级映射元数据的开销，方便全局元数据的存放和管理，例如 100TB 的 Volume 只需要存储 10000 个 Chunk 的元数据记录。同时存储层可以把元数据缓存在内存中，有效避免关键 I/O 路径上额外的元数据访问开销。

Chunk 会被进一步划分成多个 Block，SSD 的盘上物理空间以 Block 为单位按需分配给对应的 Chunk，典型的 Block 大小为 64KB。Chunk 至 Block 的映射信息由存储层自行管理和保存，并全部缓存在内存中，使得数据访问能进一步全速推进。

如图 5-20 所示，PolarFS 主要由 Libpfs、PolarSwitch、ChunkServer 和 PolarCtrl 等组件组成。Libpfs 是一个轻量级用户空间文件系统库，向数据库提供 POSIX-like 接口，用于管理和访问 Volume 中的文件。PolarSwitch 是部署在计算节点的路由组件，负责将 I/O 请求映射并转发给具体的后端存储节点。ChunkServer 部署在存储节点，负责 I/O 请求的响应以及 Chunk 内的资源管理。ChunkServer 会将写请求复制到 Chunk 的其他副本上，Chunk 副本间通过 Parallel Raft 一致性协议保证在各类故障状况下数据能正确同步，数据不会丢失。PolarCtrl 是系统的控制组件，用于任务管理和元数据管理。

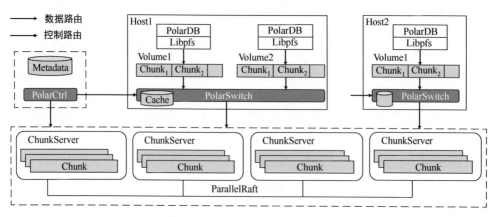

图 5-20　PolarFS 存储层抽象架构图

Libpfs 将数据库下发的文件操作转换成块设备 I/O 后交给 PolarSwitch，PolarSwitch 根据本地缓存的 Chunk 路由信息，将 I/O 请求转发给 Chunk Leader 所在的存储节点。Leader 所在的 ChunkServer 从 RDMA NIC 收到请求后，如果是读 I/O 操作，Leader 直接读取本地数据并返回给 PolarSwitch，如果是写 I/O 操作，Leader 在写入本地 WAL 的同时把数据发送给其他副本，Follower 也会将数据写入本地的 WAL。待收到大部分 Follower 的响应后，Leader 向 PolarSwitch 返回写入成功，并且异步地把日志应用到 Chunk 的数据区域。

5.4 文件系统优化

5.4.1 用户态 I/O 计算

随着技术的发展，新的硬件和协议在不断地涌现，比如非易失性内存（Non-Volatile Memory Express，NVMe）SSD 相比传统硬盘，I/O 时延更低、磁盘吞吐更大；远程直接数据存取（Remote Direct Memory Access，RDMA）允许计算机直接访问其他计算机的内存而无须 CPU 的干预，相比传统的 TCP/IP 协议栈，大大降低了机器间网络通信时延。这些高性能硬件的出现，对传统的 I/O 栈和网络栈提出了挑战。

1. 用户态和内核态

为了防止应用程序过分地访问系统硬件资源，保证系统的安全性和稳定性，Linux 系统将整个系统划分为用户态和内核态。用户态为应用程序提供了必要的运行空间，应用程序在用户态下也只能访问自己的内存空间，不能直接访问其他系统资源。内核态负责管理系统资源，如 CPU、内存和磁盘，同时为应用程序提供必要的系统调用接口来访问这些硬件资源，如 C 语言函数库中 read()、write() 和 send() 等。

如图 5-21 所示，当应用程序需要访问系统的硬件资源时，就会调用操作系统提供的系统调用接口，CPU 从用户态切换到内核态，在内核态下执行访问硬件资源的操作，并在操作结束后切换到用户态，将结果返回给用户程序。当 CPU 从用户态切换到内核态执行系统调用时，会先将用户程序在寄存器中的状态换出并保存在内存中，并将与本次系统调用相关的进程信息从内存中换入寄存器中来执行该进程，这一过程称为上下文切换。

2. 传统 I/O 栈面临的挑战

传统硬盘时代，系统采用基于中断的 I/O 模型，应用程序发起 I/O 请求后，CPU 会从用户态切换到内核态，向磁盘发起数据请求后切回到用户态继续处理其他工作，磁盘数据准备完成后向 CPU 发起中断请求，CPU 接收到请求后，切换到内核态读取数据，并将数据从内核空间复制到用户空间，然后再次切换到用户态。可以看到，在整个 I/O 过程中，会发生多次上下文切换和数据复制操作，这无疑会产生开销，但相较于传统硬盘的读写延迟来说微不足道。但随着 SSD 的成功商业化和 NVM 技术的进步，硬盘的速度越来越快，如 NVMe SSD 可以在不到 100μs 的延迟下每秒完成 500 000 次 I/O 操作，系统瓶颈也因此从硬件层面转移到了软件层面。因此，为了解决传统 I/O 栈与 NVMe SSD 等高速磁盘设备能力不匹配的问题，英特尔公司开发了基于 NVMe 设备的开发套件 SPDK，通过将所有必要的驱动程序移至用户空间，避免 CPU 上下文切换和数据复制，同时用 CPU 轮询磁盘的方式取代中断，进一步降低 I/O 请求的延迟。

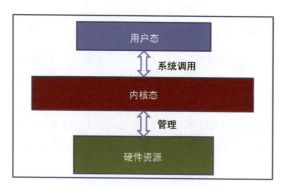

图 5-21　操作系统与硬件资源关系图

3．传统网络栈面临的挑战

如图 5-22 所示，在传统的 TCP/IP 网络通信中，数据发送方需要先将数据从用户空间复制到内核空间，在内核空间进行一系列封装后，再通过网卡将数据包发送给远程机器，远程机器接收到数据包后，也需要先在内核空间对数据包进行解析，才能将其复制到用户空间，以供应用程序使用。数据在用户空间和内核空间之间不断复制，在增大了通信延迟的同时，也给服务器 CPU 和内存带来了沉重的负担。在采用计算与存储分离、存储节点多备份架构的系统中，节点之间会产生大量的数据传输，传统网络栈也就成了系统的瓶颈。RDMA 是一种远程直接内存访问技术，允许应用程序在用户态下直接访问远程机器。在 RDMA 网卡中，注册好的内存区域完成读写请求，避免了传统网络栈带来的开销，提供了低延迟、高性能的网络通信。同时也将 CPU 从数据传输中解放出来，使得空余的 CPU 可以处理更多的任务。

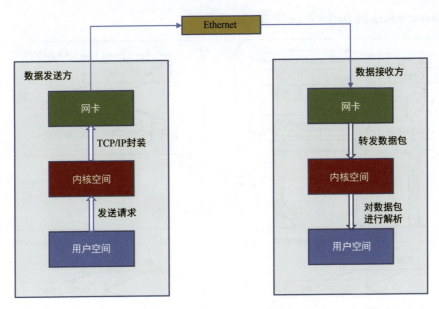

图 5-22　传统网络通信模型

4．PolarFS 基于新硬件的用户态 I/O 栈和网络栈实现

本节以分布式共享文件系统 PolarFS 为例，介绍基于新硬件的用户态 I/O 栈和网络栈在存储系统中的应用。PolarFS 是 PolarDB 数据库的底层存储系统，向数据库提供低延时、高性能和高可用的存储服务，其采用了轻量级的用户态 I/O 栈和网络栈，充分发挥了 NVMe SSD 和 RDMA 等新兴硬件的潜力。

为了避免传统文件系统在内核态和用户态之间消息传递的开销，尤其是数据拷贝的开销，PolarFS 向数据库提供了一个轻量级的用户态文件系统库 Libfps，替换标准文件系统接口，让文件系统层的 I/O 操作全部运行在用户空间。为了保证 I/O 事件能够及时地得到处理，PolarFS 会不断地轮询和监听硬件设备。同时，为了避免 CPU 级别的上下文切换，PolarFS 将每个工作线程与 CPU 绑定，使得每个 I/O 线程在指定的 CPU 上运行，各个 I/O 线程处理不同的 I/O 请求，绑定不同的 I/O 设备。因此，对每个 I/O 请求而言，其生命周期内都由同一个 I/O 线程调度，被同一个 CPU 处理。

PolarDB 的 I/O 执行过程如图 5-23 所示，当路由组件 PolarSwitch 从 Ring Buffer 中拉取到 PolarDB 发出的 I/O 请求后，会立即将请求通过 RDMA 网卡发送给存储层的 Leader 节点，ChunkServer1 在本地 RDMA 网卡中注册的内存区域 Buffer Zone 中。ChunkServer1 中的 I/O 线程会不断地从 Buffer Zone 中拉取请求，当发现有新的请求后，通过 SPDK 写入 NVMe SSD 中，并通过 RDMA 网络将请求发送给 ChunkServer2

和 ChunkServer3 的 Buffer Zone 中进行同步。

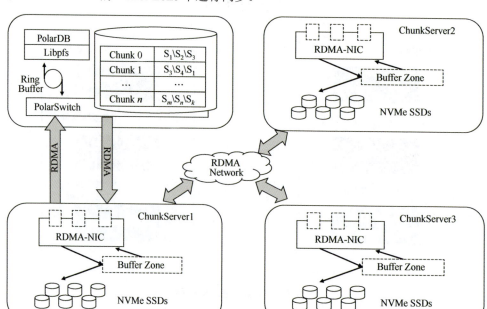

图 5-23 PolarDB 的 I/O 执行过程

5.4.2 近存储计算

OLTP 云原生关系数据库特有的存储扩展性能够支持单实例百 TB 的容量。在大数据量情况下，OLTP 分析查询的高效处理就变得十分重要。但由于云原生数据库采用存储计算分离架构，所有计算节点与存储节点的交互都需要通过网络，因此网络会成为系统的关键瓶颈。在基于行存储的 OLTP 云原生关系数据库中，表扫描（Table Scan）会带来不必要的行列的 I/O 读取；索引扫描（Index Scan）的回表过程中也会发生不必要的列 I/O 读取。这些用户不需要的额外数据读取会进一步加剧网络带宽的瓶颈。

解决这一问题的几乎唯一可行的方法是将一些密集访问数据的任务（如表扫描）下推到存储节点，从而减少计算节点与存储节点之间的网络流量。这要求存储节点具备更高的数据处理能力，来处理额外的表扫描任务。在实现上，一种方式是增强存储节点的配置，但针对行存储数据的表扫描任务不适用于现代 CPU 架构，同时也会导致极高的成本。另一种方式是采用异构计算框架，为存储节点配置可以执行表扫描任务，同时又具有更高性价比的特殊硬件（如 FPGA、GPU）。然而，如图 5-24 所示，常规的集中式异构计算结构采用单个独立的、基于 PCIe 接口的 FPGA 卡，这会使单个 FPGA 的 I/O 和计算带宽成为系统瓶颈。由于每个存储节点都包含多个 SSD，每个 SSD 都可以实现数 GB/s 的数据吞吐，在进行分析处理工作时，多个 SSD 同时访问原始数据，汇总后的数据发送给单个 FPGA 卡进行处理，这不仅会导致 DRAM/PCIe 通道上的数据流量过大，而且数据吞吐量也远远超过一张 PCIe 卡的 I/O 带宽，使 FPGA 成为数据处理的热点，限制了系统的整体性能。

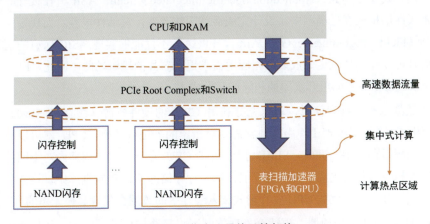

图 5-24　集中式异构计算架构

因此，采用分布式的异构计算结构是一个更好的选择，如图 5-25 所示。可以为多个存储节点配备特殊硬件，使其可以执行表扫描任务，这样就可以将查询请求分解后下发至存储节点，在存储节点进行数据处理，仅将必要的目标数据传递回计算节点，解决数据流量过大和单个 FPGA 卡成为数据处理热点的问题。

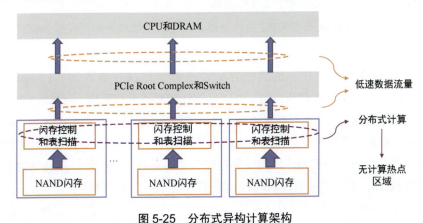

图 5-25　分布式异构计算架构

PolarDB[5]就是根据此想法构建了云原生环境下软硬件一体化高效处理架构，结合新兴的近存储计算 SSD 介质设备，将处理下推至数据所在的硬盘，从而支持了高效的数据查询，同时节省了存储端的 CPU 计算资源。本节从软件和硬件两方面介绍 PolarDB 在该方面的具体实现。

1．FPGA

专用应用集成电路（Application Specific Integrated Circuit，ASIC）在设计时会将电路永久性地植入在硅晶圆中，设计完成后就无法改变，灵活性很差。而现场可编程门阵列（Field Programmable Gate Array，FPGA）不仅能够实现 ASIC 所有的逻辑功能，而且可以在芯片制造完成后根据应用需求更新芯片的逻辑功能。因此，FPGA 相较于 ASIC 可以大大缩短开发周期和降低开发成本。

当数据以列进行存储时，可以充分利用 CPU 的硬件资源（缓存和 SIMD 指令等）。例如，在分析处理工作中，通常需要对指定的列进行处理，CPU 就可以只读取有用的列到缓存当中。同时，SIMD 指令允许 CPU 在一个时钟周期内对不同的列执行相同的指令，从而提高了吞吐量。但在基于行存储的 OLTP 数据库中，这些特性就无法得到充分发挥，比如 CPU 以行形式读入缓存中的数据会包含其他无用的列。

CPU 作为通用处理器，更适合处理控制逻辑复杂的任务，但由于其只能够实现数据并行，在一个时钟周期内完成一件工作，并不适合逻辑简单但对并行度要求高的数据处理任务。比如 CPU 处理一条 SQL 语句时，在每个时钟周期内只能处理 SQL 语句关系代数表达式中的一个运算符，因此会花费大量的时钟周期。而 FPGA 作为专用处理器，可以通过编程重组电路，实现流水线并行和数据并行，在一个时钟周期内并行处理多个运算符，大大降低了处理延迟。

因此，可以把 FPGA 作为 CPU 的协处理器，将其从数据处理类任务中解放出来。

2．计算存储驱动

能够执行数据处理任务的数据存储设备称为计算存储驱动（Computational Storage Drive，CSD），存储节点的 CPU 与 CSD 组成了异构系统，可以将 CPU 从表扫描任务中释放出来，以处理其他请求，提高了系统的性能。在 PolarDB 中，计算存储驱动的实现基于 FPGA，由 FPGA 实现闪存控制和计算。存储节点通过地址映射、请求调度和垃圾回收等机制完成对计算存储驱动的管理，并将计算存储驱动集成到 Linux I/O 栈中，使其可以像传统存储设备一样服务于正常的 I/O 请求。

3．软件与硬件方面的优化

基于 PolarDB，将计算下沉到计算存储驱动会面临软件和硬件上的挑战。在软件层面上，PolarDB 的存储引擎通过指定文件中的偏移量来访问数据，而计算存储驱动需要通过操作逻辑块地址（Logical Block Address，LBA）提供扫描服务，因此需要修改整个软件或驱动栈，以支持将扫描的任务下推到具体的物理块（physical block）。在硬件层面上，虽然 FPGA 能够降低开发成本，但 FPGA 本身很昂贵，必须找到一种经济、高效的方式实现和部署计算存储驱动。

（1）软件栈优化

POLARDB MPP 是 PolarDB 的前端分析处理引擎，负责解析、优化重写 SQL，并将 SQL 查询转换为包含运算符和数据流拓扑的有向无环图（DAG）执行计划。它能够支持将扫描任务下推到存储引擎，因此无须改动。但是，仍需要对存储引擎（Storage Engine）、文件系统（PolarFS）和计算存储驱动（CSD）进行优化。

1）存储引擎的优化。由于目前计算存储驱动并不支持所有的查询条件，所以当存储引擎（Storage Engine）收到 MPP 发送的扫描请求时，存储引擎会首先对扫描请求的查询条件进行分析，提取出计算存储驱动可以执行的查询条件进行下推，对于计算存储驱动不支持的查询条件会在本地执行。

之后，存储引擎会将扫描请求转换为待扫描数据在文件中的偏移量（block_offsets in data file）和执行扫描操作涉及的表的结构（Schema）。这些信息会和上一步中提取的查询条件一起转发给 PolarFS 进行处理。

存储引擎会分配一块内存用于存储计算存储驱动执行扫描请求之后返回的数据，该内存空间的地址也会包含在发送给 PolarFS 的请求当中。当接收到计算存储驱动返回的数据后，存储引擎会根据完整的查询条件对数据进行检查，之后再将数据返回给上层应用。

2）文件系统（PolarFS）优化。存储引擎发来的扫描请求中是以文件偏移量的形式来指定要扫描的数据位置的，因此数据可能分布在多个计算存储驱动上。但由于每个计算存储驱动只能对其自己的数据执行扫描任务，并且计算存储驱动只能以 LBA 的形式定位数据，以存储引擎的数据块为单位扫描数据。所以 PolarFS 需要先根据扫描请求跨越的计算存储驱动数量将其分解成多个子扫描请求，再把每个子请求中的数据地址转化为计算存储驱动能够识别的 LBA 地址。

3）计算存储驱动优化。计算存储驱动受所在存储节点主机侧的内核驱动程序统一管理，该驱动程序会首先对 PolarFS 发来的每个扫描请求的查询条件进行分析，并在必要时对查询条件进行重排，以更好地利用硬件流水线提高吞吐量。然后，将请求中的 LBA 地址转化为与 NAND 闪存相关联的物理地址（PBA）。

为进一步优化吞吐量，驱动程序在内部将每个扫描请求划分为多个更小的扫描子任务。这是为了防止大型扫描任务占用闪存带宽的时间过长，导致正常 I/O 请求需要等待较长时间，同时减少内部缓冲的硬件资源使用，充分利用闪存阵列的并行访问特性。此外，由于 NAND 闪存设备在失效数据过多时会进行垃圾回收（Garbage Collection，GC），这会严重干扰扫描任务的执行。因此，对驱动程序进行优化，以最大限度地减少垃圾回收带来的干扰，当工作负载较大时，驱动程序将自适应地减少其至暂停垃圾回收操作。

（2）硬件优化

1）FPGA 友好的 data block 格式。扫描任务需要进行大量的比较操作（如=, ≥, ≤），单独依靠 FPGA 难以实现支持多种不同数据类型的比较器，因此对于大多数据类型，需要修改 PolarDB 存储引擎层的数据存储格式，使这些数据能在内存中进行直接比较，这样计算存储驱动只需要实现可以执行 memcmp() 函数的比较器，无须关心表的不同字段中的数据类型，从而大大减少 FPGA 的资源使用。

PolarDB 存储引擎的设计基于 LSM-Tree，每个数据块中的数据都是根据 Key 值从小到大有序存放的，因此利用有序数组相邻 Key 值可能有共同前缀的特性，对 Key 值进行前缀压缩。比如数据块中第一条数据记录的 Key 值为"abcde"，第二条数据记录的 Key 值是"abcdf"，那么这两条记录 Key 值的公共前缀是"abcd"，在存储第二条数据记录的 Key 值时，就只用存储公共前缀的长度 4 和 "f"，这种根据共享前缀对 Key 值进行压缩的方法就称为前缀压缩。前缀压缩大大减少了存储空间，但也在一定限度上增加了查找的难度。因此，每隔 k 个 Key，就不对这条记录进行压缩，这条记录被称为重启点（restarts），之后的记录根据该重启点进行前缀压缩。这样，当搜索记录时，就可以首先通过二分搜索找到最后一个 Key 值小于搜索值的重启点，再从该重启点向后逐个查找。

为了进一步提高硬件利用率，如图 5-26 所示，在数据块首部增加了压缩类型（Type）、键值对的数量（number of keys）和重启点的数量（number of restarts），这样计算存储驱动可以自行解压每个数据块和进行循环冗余校验（CRC），无须存储引擎传递每个数据块的大小信息。同时，通过添加键值对的数量和重启点的数量两个字段，可以在有前缀压缩的情况下加速查找，同时也更方便地区分每个 Block 的首尾，简化了基于 FPGA 硬件的实现。

2）FPGA 实现。在实现上，为了节约成本和提升性能，采用中档 FPGA 芯片用

第 5 章 高可用共享存储系统

于闪存控制和执行扫描任务，同时使用并行流水线体系结构提高扫描处理的吞吐量。如图 5-27 所示，每个 FPGA 包含了两个并行的数据解压缩引擎和四个扫描引擎。每个扫描引擎包含一个内存比较（memcmp()）模块和一个结果评估（RE）模块。令 $p = \sum_{i=1}^{m} \left(\prod_{j=1}^{n_i} c_{i,j} \right)$ 表示整个扫描任务，$c_{i,j}$ 表示对表中某一个字段的一个查询条件，$\sum$ 和 $\prod$ 分别表示逻辑或和逻辑与。使用 memcmp 模块和 RE 模块，递归地对谓词中每一个条件 $c_{i,j}$ 进行评估：memcmp 模块在内存中对数据进行比较，RE 模块检测当前 memcmp 模块的输出（目前所有已经被评估的条件 $c_{i,j}$）可以确定最终结果 P（0 或 1）后，结束对当前行的扫描，继续对下一行扫描。在该架构下，FPGA 可以实现的查询条件有：=、!=、>、≥、<、≤、NULL 和 !NULL。

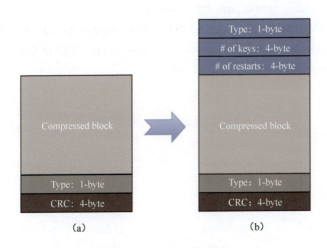

图 5-26　数据块结构的改进

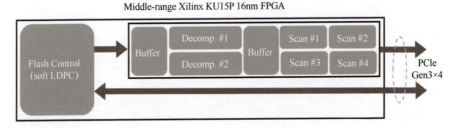

图 5-27　并行流水线形式的 FPGA 实现

参 考 文 献

[1] LAMPORT L. Paxos made simple. ACM Sigact News, 2001, 32(4): 18-25.

[2] ONGARO D, OUSTERHOUT J. In search of an understandable consensus algorithm. In 2014 USENIX Annual Technical Conference (USENIX ATC 14), 2014: 305-319.

[3] CAO W, LIU Z, WANG P, et al. PolarFS: an ultra-low latency and failure resilient distributed file system for shared storage cloud database. Proceedings of the VLDB Endowment, 2018,11(12): 1849-1862.

[4] VERBITSKI A, GUPTA A, SAHA D, et al. Amazon aurora: Design considerations for high throughput cloud-native relational databases. In Proceedings of the 2017 ACM International Conference on Management of Data, 2017: 1041-1052.

[5] CAO W, LIU Y, CHENG Z, et al. POLARDB meets computational storage: Efficiently support analytical workloads in cloud-native relational database. In 18th USENIX Conference on File and Storage Technologies (FAST 20), 2020: 29-41.

第 6 章
数据库缓存

数据库缓冲池旨在将一部分数据保留在内存中，减少内外存的数据交换，从而提升数据库的数据访问性能，是数据库的重要组成部分。本章首先概述数据库缓冲池的意义；然后介绍云环境下数据库缓冲管理面临的挑战，并给出相应的解决方案；最后详述 PolarDB 在缓冲池管理方面的实践经验，介绍基于 RDMA 的共享内存池实现方法。

6.1 数据库缓存简介

6.1.1 数据库缓冲作用

在大多数情况下，数据库系统不能直接操作磁盘中的数据。所以需要尽量将常用的数据存储在缓存中，减少从磁盘读取数据导致的停顿，达到快速读取数据的目的。

在数据库中，存储系统的缓冲池（Buffer Pool）和日志系统的重做日志缓冲（Redo Log Buffer）是缓存机制的两个主要使用者。缓冲池是数据库内部分配的一个内存区域，用于存储从磁盘读取的页面，通过内存的速度弥补磁盘速度较慢对数据库性能的影响。重做日志缓冲用来存储重做日志，并定时将重做日志缓冲刷新到日志文件。

6.1.2 缓冲池

缓冲池负责缓存数据和索引。为了高效地利用内存，它又被分成一个个页（Page），每个页可容纳多个行[5]。当从硬盘等介质将数据块缓存到缓冲池时，数据块内的指针可以从硬盘地址空间转换为缓冲池地址空间，这类方案被称为指针混写。由于缓冲池的大小有限，需要不定期地对缓冲池内的数据页进行置换。基本的页置换算法包括 CLOCK[4]和最近最少使用（Least Recently Used，LRU）。CLOCK 和 LRU 的思想类似，都是驱逐最近未被访问的页，留下最近访问的页。LRU-K 是对 LRU 的改进，避免了顺序访问对缓冲池的污染[6]。

在页被置换出去以后，还需要考虑是否需要把页写回磁盘。如果页已经变脏，就需要写回磁盘；如果页未被修改过，就直接丢弃。

缓冲池中可能存在混写指针指向的页，这些页被称为钉住页，即不能被安全地写回磁盘的页[7]。如果要写出这类页，要对页进行"解混写"后再驱逐，即把指向缓冲池的地址改为指向磁盘的地址。

6.2 缓存恢复

6.2.1 云环境对缓存的挑战

在传统数据库中，缓存的创建和销毁伴随数据库进程的整个生命周期。如果数据库进程重启，缓存就要重新初始化和预热。对于几百 GB 的缓存，这个预热过程很缓慢，可能要几分钟甚至几十分钟。从初始化到预热这段时间，因为缓存命中率比较差，数据库不能到达最佳的性能，从而造成用户业务性能损失。

在传统数据库中，这一点并没有成为业务瓶颈。主要原因是传统数据库的研发和发布周期通常很长，用户在使用传统数据库时，除了业务需要，很少重启数据库。

但是云数据库的研发和发布周期相对来说要短得多，一个月甚至两周就可能发布一个版本。新版本对问题（Bug）的修复或者新特性会促使用户快速升级数据库。另外，云数据库实例来自用户业务需要，导致数据库重启需求也比传统数据库要大。云上用户业务的变化非常快，在业务发展初期，可能只需要小规格的数据库实例就可以满足业务需求。随着业务的飞速发展，可能需要将数据库实例升级到更大的规模。规模的升级往往需要重启数据库。

云数据库作为一种通用的基础软件服务，实例的数量往往比较多。如何让数据库平滑地升级、在重启时尽量减少对用户业务的影响是云数据库服务厂商需要解决的一个问题。

缓存（内存）的生命周期和进程（CPU）的生命周期绑定造成重启数据时需要重新初始化缓存。如果将缓存和进程生命周期解耦（分离），那么数据库在重启时，一方面，由于缓存依然存在，并且缓存里的数据会保持热的状态，重启后将不需要预热的过程；另一方面，基于这种分离架构可以对数据库的崩溃恢复过程做大量的加速优化，减少崩溃恢复的时间。总的来说，CPU 和内存分离的设计可以极大地降低重启对用户业务的影响。

6.2.2 基于 CPU 与内存分离的缓存恢复

可以采取多种技术方案实现 CPU 与内存分离，例如基于共享内存（Shared Memory）、基于非易失性内存及基于远程直接内存访问（Remote Direct Memory Access，RDMA）的方案。

CPU 和内存分离的核心是数据库的重启机制如何适配分离后的内存。传统数据库在重启后，内存数据会丢失，需要重新进行内存初始化；而内存从 CPU 分离后，相当于有了持久化的能力，如何适配这种架构并基于这种架构做优化是数据库内存分离后需要解决的核心问题。然而，每种技术方案的实现难点和难度不一样，最终带来的收益也不同。

1. 基于共享内存的分离

共享内存是传统操作系统提供的能力，如图 6-1 所示。当 CPU 重启退出时，可以将内存解绑，并托管给操作系统或其他进程。当 CPU 重启后，可以将内存重新绑定，内存里的数据不丢失。

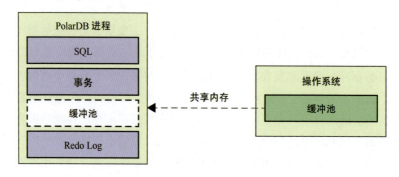

图 6-1　基于共享内存的分离

对于数据库缓存来说，如果内存数据重启后数据依然存在，就意味着不需要重新预热缓存。在异常情况下重启时，虽然数据库缓存中的脏数据页没有写入持久化存储，但是在重启后，内存中的数据页依然存在，这就可以避免对恢复数据页，从而加速数据库的启动，减少对用户业务的影响。

2. 基于非易失性内存的分离

非易失性内存是一类新型的硬件设备，它具有和普通内存相似的访问速度，同时还具有普通内存不具有的掉电后数据不丢失的特性。举例来说，访问 Intel 的 Optane DC 非易失性内存，读延迟大约为普通内存的 2～3 倍，写延迟和普通内存差距不大[1]。

共享内存技术也依赖于操作系统的能力。如果在主机重启的情况下，操作系统需要重启，那么共享内存也会被销毁。而非易失性内存可以提供内存在主机重启后的持久化能力，所以借助非易失性内存，可以实现更高层次的内存分离。

3. 基于 RDMA 的分离

远程直接数据存取（Remote Direct Memory Access，RDMA）是一种不需要影响

远程主机 CPU 运作就可以直接访问远程主机内存的技术[3]，如图 6-2 所示。RDMA 依靠网络适配器直接在应用程序内存和网络之间传输数据，而无须在操作系统的数据缓存和应用程序内存之间进行拷贝。常见的 RDMA 实现有 Virtual Interface Architecture、RDMA over Converged Ethernet（RoCE）、InfiniBand、Omni-Path 和 iWARP[2]。

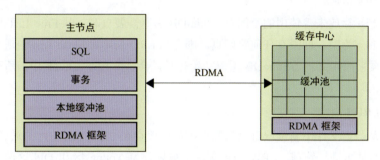

图 6-2　基于 RDMA 的分离

共享内存和非易失性内存都只能提供单机内部的分离，一旦主机出现故障无法启动，系统还是要在新的主机上进行完整的初始化。而随着 RDMA 的普及，云数据库实现跨机内存和 CPU 分离也成为可能。

6.3　PolarDB 的实践

6.3.1　缓冲池的优化

1．InnoDB 引擎的缓冲池简介

缓冲池是 InnoDB 引擎中非常重要的模块，用户请求产生的数据交互都需要依赖缓冲池，包括各种 CRUD 操作（Create、Read、Update 和 Delete）。InnoDB 引擎在启动时，将一块连续的内存划分给缓冲池，为了更好地管理这块内存，通常将其切分为多个缓冲池实例（Buffer Pool Instance）。每个实例（Instance）的大小相等，通过算法保证一个页只会在一个特定的实例中。利用这种划分可以为具有多个实例的数据库模式提升缓冲池的并发性能。

在 InnoDB 引擎启动时，按照配置项 srv_buf_pool_instances 并行初始化各个缓冲池实例，将一段连续的内存分配给缓冲池实例使用，而这段连续的内存又被划分为多个 Chunk，每个 Chunk 的大小默认为 128MB。每个缓冲池实例包含用于确保并发访问实例可靠性的锁、负责实际物理存储块数组的 Buffer Chunk、各个页链表（Free

List、LRU List 和 Flush List)、保证各个页链表访问时互斥的互斥锁（mutex）等，并且每个实例之间独立，支持多线程并发访问。

在每个缓冲池实例初始化时，还会初始化三个链表（Free List、LRU List 和 Flush List）和一个关键的散列表（Page Hash）。这些数据结构的具体作用介绍如下。

（1）Free List

Free List 存放未曾使用的空闲页。InnoDB 引擎需要页时，从 Free List 中获取，如果 Free List 为空，即没有任何空闲页，则会从 LRU List 和 Flush List 中通过淘汰旧页和刷脏页来回收页。当 InnoDB 引擎初始化时，会将 Buffer Chunk 中的所有页加入 Free List 中。

（2）LRU List

所有从数据文件中新读取进来的数据页都会缓存在 LRU List 中，并通过 LRU 策略对这些数据页进行管理。LRU List 实际上被划分为 Young 区和 Old 区两部分，其中 Young 区保存的是较热的数据，Old 区保存的是刚从数据文件中读取出来的数据。如果 LRU List 的长度小于 512，则不会将其拆分为 Young 区和 Old 区。当 InnoDB 引擎试图读取数据页时，会利用缓冲池实例的散列表进行查找，并分三种情况处理：

- 当在散列表中定位到，即数据页在 LRU List 中时，会判断数据页是在 Old 区还是 Young 区，如果数据页存在于 Old 区，则在读取完数据页后把它添加到 Young 区的链表头部。
- 如果在散列表中定位到并且数据页在 Young 区，则需要判断数据页所在 Young 区的位置，只有数据页处于 Young 区总长度大约 1/4 的位置之后，才会将其添加到 Young 区的链表头部。
- 如果未能在散列表定位到，则需要在数据文件中读取数据页，并将其添加到 Old 区的链表头部。

LRU List 采用了非常巧妙的 LRU 淘汰策略管理数据页，并且用这些机制避免了频繁地对 LRU 链表的调整，提升了访问效率。

（3）Flush List

所有被修改过且还没来得及被刷到磁盘上的脏页，都会被保存在这个链表中。注意，所有在 Flush List 上的数据都在 LRU List 中，但在 LRU List 中的数据不一定都在 Flush List 中。在 Flush List 上的每个数据页都会保存其最早修改的 LSN（Log Sequence Number），即 buff_page_t 数据结构里的 oldest_modification 字段。LSN 用于记录日志序号，它是一个不断递增的 unsigned long long 类型整数。在 InnoDB 引擎的日志系统中，LSN 无处不在，它既用于表示修改脏页时的日志序号，也用于记录 checkpoint，通过 LSN，可以具体地定位到其在 Redo Log 文件中的位置。一个数据页可能被修改多次，它只记录最早的修改。Flush List 上的数据页会按照各自的 oldest_modification 进行降序排列，链表尾部保存 oldest_modification 最小的数据页。在需要从 Flush List 中回收页时，回收从尾部开始，这些被回收的数据页又会被重新加入 Free List。Flush List 会通过专门的后台 page_cleaner 线程进行清理，将脏页刷到磁盘，以完成对数据的真正持久化。而对应这些脏页数据修改的 Redo Log 也将被清理，便于 Checkpoint 进行推进。

（4）Page Hash

所有在缓冲池中的页都会被放入这个散列表。在读取页时，通过散列表能直接找到 LRU List 中的页，避免扫描整个 LRU List，极大地提升了页的访问效率。如果数据页不在散列表中，就需要从磁盘读取了。

2．InnoDB 引擎的缓冲池读写请求处理

当用户在客户端发起一个 CRUD 操作时，InnoDB 引擎会转化为对页的访问。查询对应读请求，而增、删、改操作对应写请求，读、写请求都需要通过缓冲池这一层才能真正完成。两者存在不同，接下来详细讨论缓冲池读、写访问的过程。

（1）读请求的处理过程

步骤 1，根据 Space ID 和 Page No 计算页和缓冲池实例的对应关系。每个逻辑语义的 Table 在 InnoDB 引擎中都被映射为一个独立的 TableSpace，具有唯一的 Space ID。从 MySQL 8.0 开始，所有的系统表都使用 InnoDB 引擎作为默认引擎，因此每个系统表以及 Undo TableSpace 也都会有唯一的 Space ID 来标志。

步骤 2，从散列表中读取该页。若读取到该页，则直接跳转到步骤 5；若未能读取到，则继续。

步骤 3，从磁盘中读取对应的页。

步骤 4，从 Free List 中获取空闲页，并用磁盘上读取中的数据进行填充。

步骤 5，如果页已经在缓冲池中，则根据 LRU 策略调整其在 LRU List 上的位置；如果是新页，则将其添加到 LRU List 的 Old 区。

步骤 6，将页返回给用户线程。

步骤 7，返回客户端。

（2）写请求的处理过程

步骤 1，根据 Space ID 和 Page No 计算页和缓冲池实例的对应关系。

步骤 2，从 Page Hash 中读取该页，若读取到该页则直接跳转到步骤 5；若未能读取到，则继续。

步骤 3，从磁盘中读取对应的页。

步骤 4，从 Free List 中获取空闲页，并用磁盘上读取到的数据进行填充。

步骤 5，如果页已经在缓冲池中，则根据 LRU 策略调整其在 List 上的位置；如果是新页，则将其添加到 LRU List 的 Old 区。

步骤 6，将页返回给用户线程。

步骤 7，用户线程对页进行修改，并调整 Flush List。如果是已经在缓冲池中的页，则需要修改其 newest_modification 字段；如果是新页，则直接将其添加到 Flush List 的头部。

步骤 8，返回客户端。

3．PolarDB 的优化

PolarDB 采用一写多读的架构进行服务。其中读写节点（Primary 节点）负责读、写请求，又被称为读写节点，并负责产生 Redo Log 和完成数据页的持久化，产生的数据都保存在共享存储 PolarFS 上；Replica 节点只负责读请求，又被称为只读节点，只读节点通过读取共享存储 PolarFS 上的 Redo Log 进行回放，将自己缓冲池中存在的页更新到最新修改，以便后续的读请求能及时地访问到最新的数据。

与原有的 InnoDB 相比，在共享存储的架构下，系统能够在不增加磁盘存储的情况下，更好地扩展读请求负载，并能够快速地增加和删除只读节点，还能在只读节点和读写节点间进行实时高可用性（High Availability，HA）切换，大大提升了实例的可用性，天然契合云原生架构。

在原有的 InnoDB 引擎架构中，数据的持久化通过 page cleaner 线程周期性地对脏页进行落盘来完成，以避免用户线程同步刷脏页影响性能。在 PolarDB 的架构中，当用户线程的读请求访问只读节点时，为了保证访问数据的一致性，读写节点在对脏页进行刷脏操作时，需要保证该脏页最新修改的 LSN 不能超过所有只读节点的应用 Redo Log 的 LSN，否则当只读节点从共享存储中请求该页数据时，会由于该页数据版本超前于当前日志回放的数据版本，无法保证数据一致性。为了保证磁盘数据始终保持连续性和一致性，避免用户在只读节点上访问到版本超前的数据，和正在做 Structure Modification Operation（SMO）的数据，读写节点在刷脏时必须考虑只读节点应用 Redo Log 的 LSN。系统将所有只读节点上的应用 Redo Log 的最小 LSN 定义为安全 LSN（Safe LSN），写节点进行刷脏时必须保证该页最新修改的 LSN（newest_modification）小于 Safe LSN。但在某些情况下，Safe LSN 可能无法正常向前推进，导致读写节点上的脏页无法及时刷脏，并且无法推进最老的 Flush LSN（oldest_flush_lsn）。而在只读节点上，为了提高物理复制的同步效率，新增了运行时应用（Runtime Apply）的机制。Runtime Apply 指在应用 Redo Log 时，如果页不在缓冲池中，则不会对该页进行 Apply 操作，避免了只读节点上应用 Redo Log 的线程频繁地从共享存储读取页。但只读节点需要把解析好的 Redo Log 缓存起来，保存在编译缓冲（Parse Buffer）中，以便后续用户的读请求到达时读取共享存储上的页，并通过对 Parse Buffer 中缓存的针对该页修改的所有 Redo Log 进行 Runtime Apply，最终返回最新的页。

在 Parse Buffer 中缓存的 Redo Log 必须要等到读写节点的 oldest_flush_lsn 推进之后才能进行清理，即该 Redo Log 修改对应的脏页已经落盘，此时可以丢弃该 Redo Log。在这种约束下，倘若出现热点页的更新（即 newest_modification 不停地在更新），或者读写节点刷脏过慢，就会导致只读节点的 Parse Buffer 中堆积大量的解析好的 Redo Log，导致应用 Redo Log 的速度降低，使得 Redo Log 的 LSN 推进过慢；另一方面，读写节点的刷脏受 Safe LSN 的制约，变得更加困难，最终影响用户线程的写入操作。如果读节点应用日志的速度慢到一定程度，应用 Redo Log 的 LSN 和读写节点的最新 LSN 差距就会越拉越大，最终导致复制延迟持续增大。

为了解决在以上约束下产生的各种问题，PolarDB 针对读写节点缓冲池进行了优化，优化内容如下：

- 为了读写节点尽快地将产生的脏页刷到磁盘，减少读节点缓存在 Parse Buffer 中的 Redo Log，只读节点会把已经应用的 LSN 实时同步给读写节点。如果读写节点写入 LSN 的 write_lsn 和 Safe LSN 差距超过设定的阈值，系统就会加快读写节点的刷脏频率，主动推进 oldest_flush_lsn 位点，同时只读节点能释放自己 Parse Buffer 中缓存的 Redo Log，减少 Runtime Apply 时需要应用的 Redo Log 信息，提升只读节点的性能。

- 当一个页被频繁更新时，最新修改 LSN 不断增大，始终大于 Safe LSN，无法满足刷脏条件。最终，只读节点日志堆积在日志缓存里，没有缓冲接收新的日志。为了解决这个问题，系统引入了拷贝页（Copy Page）。当一个数据页由于不满足刷脏条件无法及时落盘时，系统会生成一个数据的拷贝页。该拷贝页的信息是其数据页的一个快照，拷贝页里存放的都是固定下来不再改变数据，原始数据页的最老修改 LSN 更新为此拷贝页的最新修改 LSN。由于拷贝页的最新修改 LSN 不再变动，当该 LSN 小于 Safe LSN 时，拷贝页的数据便可以落盘，从而推进写节点刷新 oldest_flush_lsn，进而释放只读节点的日志缓存。

- 数据库系统有一类数据页会被频繁地访问，如系统表空间以及回滚段表空间的回滚段表头页。为了提高执行效率和性能，当实例启动后，将这些被频繁访问的页读进内存，并不再被换出，即这些页被"钉"在缓冲池中，故被称为"pin pages"。这些页保留在缓冲池中，一方面避免换进换出影响读节点应用日志的效率；另一方面，这些数据页不会被只读节点换出，意味着再次需要这些数据页时它们已经在内存中，不需要重新从磁盘中再次读取，这样写节点在刷脏写出这些数据页时就可以不受"页的最新修改 LSN（newest_modification）必须不能大于读节点应用日志的 LSN（min_replica_applied_lsn）"的限制，使数据页在写节点刷脏时更加平滑，避免出现用户线程因为无法获取到空闲页而触发刷脏操作释放空余的页，从而影响用户请求时间的情况。

6.3.2 数据字典缓存和文件系统缓存的优化

1．InnoDB 引擎的数据字典缓存简介

数据字典（Data Dictionary，DD）是有关数据库的对象，如表、视图和存储过程等的信息集合，也称为数据库的元数据信息。比如，数据字典存储了有关表结构的描述信息，包括每个表具有的列、索引等信息；数据字典将有关表的信息存储在 information_schema 表和 performance_schema 表中，这两个表都在内存中，由 InnoDB 引擎在运行过程中动态填充，并不会持久化在存储引擎中。

从 MySQL 8.0 开始，数据字典不再使用 MyISAM 作为默认存储引擎，而是直接存储在 InnoDB 引擎中，所以现在数据字典表的写入和更新都满足 ACID 约束。每当执行 show databases 命令或 show tables 命令时，就会查询数据字典，更准确地说是会从数据字典缓存（DD Cache）中获取相应的表信息。但 show create table 命令并不访问 DD Cache，这个操作会直接访问 schema 表中的数据。可能是因为某种问题使得 DD Cache 中还保留旧的表信息，导致 show tables 命令能看到某些表而 show create table 命令却看不到相应表的问题。

当系统执行一条 SQL 语句访问某个表时，MySQL 首先会尝试去打开表。这个过程会先通过表名从 DD Cache 获取表空间（Tablespace）的信息。如果 DD Cache 中没有，就会尝试从数据字典表中读取。一般来说 DD Cache 和数据字典表中的数据，以及 InnoDB 引擎内部的 Tablespace 是完全匹配的。在执行数据定义语言（Data Definition Language，DDL）操作时，一般都会触发清理 DD Cache 的操作，而这个过程必须要持有整个 Tablespace 的元数据定义语言（Metadata Definiton Language，

MDL）独占锁才能进行。DDL 操作完成之后，会修改数据字典表中的信息。在用户发起下一次读取时，会将该信息从数据字典表中读取出来并缓存在 DD Cache 中。

2．InnoDB 引擎的文件系统缓存简介

在配置项 innodb_file_per_table 为 ON 的情况下，每个表都会对应一个单独的".idb"文件。InnoDB 引擎启动时，会先从 datadir 目录下扫描所有的".ibd"文件，该文件由若干 Page 组成。InnoDB 引擎启动时会首先解析其中的 Page0 到 Page3（为了更方便地管理区和页而设置的索引页）获取该文件的元信息，并将该文件与文件名也就是 Tablespace 做一个散列映射，保存在 Fil_system 对象的 mdirs 域中，这个 mdirs 域用于记录启动时扫描的路径与发现的文件。InnoDB 引擎在崩溃恢复阶段解析日志记录（log record）时，会通过 log record 中记录的 Space ID，去 mdirs 域中获取对应的".ibd"文件并打开，并根据 Page_No 读取对应的页，最终 Apply 对应的 Redo Log，恢复数据库到崩溃的那一刻。在 InnoDB 引擎运行过程中，内存会保存所有 Tablespace 的 space_id、space_name 字段（分别对应一个表空间的 Space ID 和名称）以及相应的".ibd"文件的映射，这些结构都存储在 InnoDB 的 Fil_system 对象中。

3．PolarDB 的优化

在当前 PolarDB 的架构中，DDL 的一致性也面临着新的挑战。在 InnoDB 中，DDL 操作只需要处理好节点本身的状态即可，即在做 DDL 之前，需要获取对应表的 MDL 锁，并清空数据字典缓存。但在共享存储架构下，系统还需要将 MDL 锁同步到只读节点，避免只读节点上的请求访问到正在做 DDL 的表数据；在拿到只读节点的 MDL 锁之后，先应用当前 MDL 锁之前的 Redo Log，并清空只读节点的数据字典缓存。在 DDL 操作执行过程中，读写节点会进行文件操作，但只读节点只需要更新自己内存中的文件系统缓存（File System Cache），因为读写节点已经将文件操作在共享存储上执行完毕。最后在 DDL 执行完毕之后，读写节点还会写一个释放 MDL 锁的 Redo Log。当只读节点解析到这种 Redo Log 时，它会释放该表的 MDL 锁。此时内存中的表信息更新完毕，该表可以提供正常的访问服务。

6.3.3 基于 RDMA 的共享内存池

1．原理

PolarDB 的 CPU 与内存分离采用了基于 RDMA 的共享内存池架构来实现。传统存储架构如图 6-3 所示，一个节点同时提供计算和内存功能，缓冲池位于每个 PolarDB 单机节点内部，CPU 为每个 PolarDB 实例私有，直接通过内存总线访问。

如图 6-4 所示，在基于 RDMA 的共享内存池存储架构下，计算节点仅包含一个较小的本地缓冲池（Local Buffere Pool，LBP）作为本地缓存，同时在远程集群中还有全局共享缓存（Global Buffer Pool，GBP）作为计算节点远端缓存，GBP 中包含 PolarDB 的所有页。计算节点和 GBP 之间通过高速互联网络 RDMA 相互通信，读取或写入页；另外，RDMA 保证了远程访问操作的低延迟。因为 GBP 和计算节点分离，所以多个 PolarDB 实例（计算节点）可以同时连接并共享 GBP，即"一写多读"架构和"多写"架构。

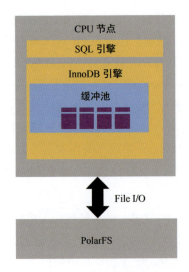

图 6-3　传统存储架构

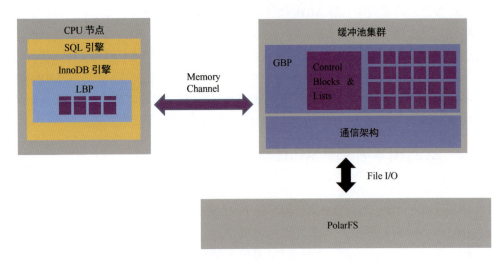

图 6-4　共享内存池存储架构

2．优势

基于共享内存架构的实现使得 PolarDB 展示了多项优势。首先，可以高效地实现计算节点和内存节点的分离。在阿里云的商业应用中，可以实现即时扩展（on-demand scaling），获得接近持续可用的实例弹性（即升降配）。而且该架构可以根据客户的具体需求，分别分配 CPU 和内存资源，实现 CPU 和内存的单独按量售卖。其次，可以被多个 PolarDB 实例共享，为后面"一写多读"和"多写"架构奠定基础，提高 PolarDB 实例的计算能力。再者，PolarDB 可以摆脱单机内存有限的束缚，高效地利用远端节点的大内存；还可以将刷脏页等逻辑从计算节点拆分，实现一定程度的写扩展，提升单机性能。最后，实现高速系统恢复，因为共享内存池包含所有的内存页，所以 PolarDB 重启后，缓冲池始终是热的。

3．实现

（1）数据结构

共享内存主要由负责网络通信的 RDMA Service 模块和多个 GBP 实例构成。每个 GBP 实例内部由四部分组成：第一部分是 LRU List，存放最近被使用的页相关元信息如 Page ID、LSN 和内存地址；第二部分是 Free List，存放空闲的共享内存页；第三部分是散列表，用于快速定位到内存页；第四部分是共享内存的数据区域，这块大内存空间以页的形式组织管理。

（2）网络处理

共享内存的 RDMA 框架可以处理两类请求。第一类不需要共享内存端 CPU 参与，这类操作已知数据页的远端地址，直接对数据页进行读取和写入操作，可以通过 RDMA 单边访问（One-sided）操作直接绕开内存节点的 CPU。第二类是控制信息的处理，比如注册内存页、失效请求等。处理流程是接收来自计算的网络请求，根据事先注册好的 RPC 函数分别处理。为保证低延迟，第二类的 RPC 也是通过 RDMA 来实现的。整个网络数据流均使用一套统一高效 RDMA 通信框架。常见的共享内存的网络 I/O 操作举例如下。

注册：RDMA 在进行数据传输前，要进行内存注册（Memory Register，MR），每个内存注册都有一个远程的 Key 和一个本地的 Key（r_key，l_key）。本地 Key 被本地的主机通道适配器（Host Channel Adapter，HCA）用来访问本地内存。远程 Key 提供给远程 HCA，用来在 RDMA 操作期间允许远程进程访问本地的系统内存。具体操作由计算节点发起，计算节点向内存节点发起注册请求，并为其分配一块远端内存页。共享内存节点在接收到 RPC 请求时，根据 Page ID 等元信息，选取内存页，给计算节点返回对应的 RDMA 的地址和 Key。

读取：计算节点在注册后，内部已经知道相应的页在远端内存的地址，直接通过 RDMA 远程读（Remote Read）操作发起读请求。

写入：首先，计算节点根据已知页的远端地址信息，通过 RDMA 远程写（Remote Write）写入共享内存节点；接着向共享内存发送相关页的信息，共享内存节点会据此获取页元数据并读取页元数据，通过 invalid_bit 的 Address 和 Key 依次写入所有受影响的节点。之所以需要 invalid_bit，是因为集群中可能有多个可写的节点，当数据页被其他节点修改后，需要通知另外一个节点失效内存中的数据页。

（3）崩溃恢复

如果计算节点崩溃，那么因为 GBP 包括所有 LBP 的数据，所以无须对共享内存节点做额外操作。如果共享内存崩溃，那么需要重启数据库服务，包括计算节点。共享内存使用 Aries 算法实现数据的崩溃恢复，该机制继承了 PolarDB 内在的 WAL 机制，通过 Redo、Undo 和 Checkpoint 等记录实现崩溃恢复。

4．性能测试

本章的实验模拟线上售卖数量较多的 polar.mysql.x4.xlarge 规格的 PolarDB，配置为 8 核，32GB 内存和 24GB 缓冲池，采用 taskset 隔离 CPU。基线 PolarDB 采用 24GB 缓冲池的配置，GBP 版本的 PolarDB，本地缓冲池（LBP）分别设置为 1GB、3GB 和 5GB，远程的 GBP 配置为 24GB。为了控制变量，所有的 LBP+GBP 的大小都为 24GB，即 1GB 的 LBP 会搭配 23GB 的 GBP。PolarDB（LBP）进程和 Cache Cluster（GBP）进程之间采用 100GB RDMA 通信。

测试分别采用 sysbench 基准[9]的 oltp_read_only、oltp_read_write、oltp_write_only 场景，每种场景分别测试 8、16、32、64、128 和 256 共 6 种并发情况。数据集为 250 张表，单表 30 有万行数据，共 17GB 基础数据集。

（1）oltp_read_only 场景

如图 6-5 所示，在 oltp_read_only 场景下，LBP 分别设置为 1GB、3GB 和 5GB，这时系统的吞吐与基线系统，即 LBP=24GB 的吞吐基本保持一致，差距在 2% 以内。

（2）oltp_read_write 场景

如图 6-6 所示，在 oltp_read_write 场景下，当 LBP=5GB 时，其性能比基线 PolarDB 性能高出 10%；而当 LBP=1GB 时，性能和基线 PolarDB 性能基本持平。

PolarDB（GBP 版）性能好于 PolarDB（基线版）的原因在于 PolarDB（GBP 版）的刷脏从计算节点拆分出去，通过分离 InnoDB 引擎的核心功能，实现了部分写可扩展（Write Scale Out）。从 GBP 刷盘到 PolarFS 的工作，可以由任意空闲 CPU 执行。

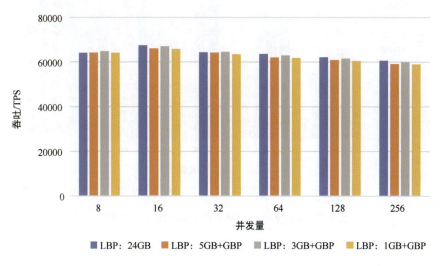

图 6-5　oltp_read_only 场景

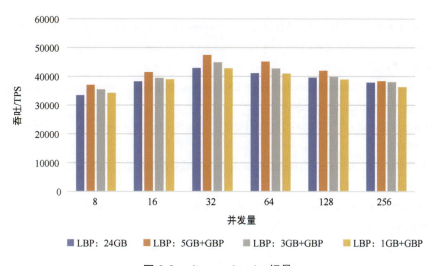

图 6-6　oltp_read_write 场景

（3）oltp_write_only 场景

如图 6-7 所示，在 oltp_write_only 场景下，当 LBP=5GB 时，PolarDB（GBP 版）性能与基线 PolarDB 性能基本持平，而 LBP=3GB、LBP=1GB 时，它的性能逐渐下降，其中 LBP=1GB 时 PolarDB（GBP 版）的性能约为基线 PolarDB 的 78%。

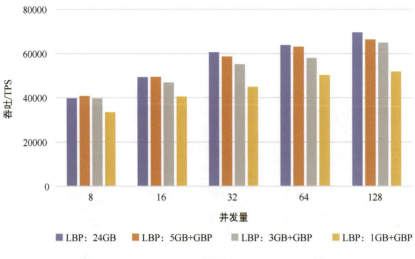

图 6-7　oltp_write_only 场景 PolarDB（GBP 版）

参 考 文 献

[1] YANG J, KIM J, HOSEINZADEH M, et al. An empirical guide to the behavior and use of scalable persistent memory.[C] 18th USENIX Conference on File and Storage Technologies (FAST'20), 2020:169-182.

[2] Remote direct memory access [Z]. (2021-1-21)[2021-2-17]. https://en.wikipedia.org/wiki/Remote_direct_memory_access.

[3] What is RDMA? [Z]. (2021-1- 21)[2021-2-17]. https://community.mellanox.com/s/article/ What-is-RDMA.

[4] CORBATO F J. A paging experiment with the multics system [Z]. Massachusetts Inst Of Tech Cambridge Project Mac, 1968.

[5] MySQL 8.0 reference Manual :: 15.5.1 buffer pool [Z]. [2021-2-17]. https://dev.mysql.com/doc/refman/8.0/en/innodb-buffer-pool.html.

[6] O'NEIL E J, O' NEIL P E, WEIKUM G. The LRU-K page replacement algorithm for database disk buffering.[C] ACM SIGMOD Record, 1993, 22(2):297-306.

[7] GARCIA-MOLINA H, D ULLMAN J, WIDOM J.数据库系统实现[M] .2 版.杨冬青, 吴愈青, 等译. 北京: 机械工业出版社, 2010.

[8] PAVLO A. CMU 15-445/645 (FALL 2020) DATABASE SYSTEMS Lecture #05: Buffer Pools[Z]. (2020-9-14) [2021-2-17]. https://15445.courses.cs.cmu.edu/fall2020/slides/05-bufferpool.pdf.

[9] Kopytov A. Sysbench manual[J]. MySQL AB, 2012: 2-3.

第 7 章

计算引擎

数据库计算引擎也叫数据库查询引擎,主要负责数据库的查询处理过程。查询处理由查询执行和查询优化组成,是数据库最关键的功能之一。本章首先概述数据库查询处理过程;然后,介绍数据库查询执行的三种模型;接着介绍数据库查询优化的主要方法;最后详述 PolarDB 在查询引擎上的实践方法。

7.1 查询处理概述

本节先简要介绍传统关系数据库管理系统的查询处理过程，然后介绍并行查询处理实现。

7.1.1 数据库查询处理概述

查询处理（Query Processing）是数据库管理系统进行查询语句执行的过程[1]。它的目的是将查询语句转换成高效的查询执行计划。查询处理的基本步骤包括：查询分析、查询检查、查询优化和查询执行。

查询处理首先把查询语句翻译成系统的内部表示形式，即等价的关系代数表达式。在产生查询语句的系统内部表示形式的过程中，语法分析器进行查询分析，从查询语句中识别出语言符号，进行语法检查和语法分析，即判断查询语句是否符合 SQL 语法规则。随后，对合法的查询语句进行查询检查，即根据数据字典（DD）对其进行语义检查，系统构造该查询语句的语法分析树，然后将其翻译成等价的关系代数表达式。

查询优化指选择一个高效执行的查询处理策略。查询优化分为代数优化和物理优化，其中代数优化指关系代数表达式的优化，物理优化指存取路径和底层操作算法的选择。一般用传送磁盘块数及搜索磁盘的次数度量查询计划的代价[2]。在查询代价的度量时，对于不同的查询方法，CPU 有不同的处理方法，所以代价也不相同。

优化器选定了查询执行计划后，进行查询执行，即用选定的计划执行查询并输出结果。

1．查询运算符

（1）选择运算

选择是从关系中找出满足给定条件的元组。执行选择的代表性算法有全表扫描法和索引（或散列）扫描法。

（2）排序运算

数据排序在数据库系统中有重要的作用，一方面，结果可能需要以指定的方式排序（如 Order By 命令）；另一方面，即使查询没有指明排序方式，排序也可以用于其他运算使其能够高效实现，如将排序后的元组批量加载到 B+树索引中，速度会更快。

对于内存中能够完全容纳的数据，可以利用标准的排序技术（如快速排序）处理；对于不能完全被内存容纳的数据，可以采用外部排序归并算法实现。

（3）连接运算

连接是从两个关系表的笛卡儿积中选取属性间满足一定条件的元组。计算两个关系的算法有嵌套循环连接、块嵌套循环连接、索引嵌套循环连接、归并连接和散列连接。选择哪种算法取决于是否有索引及关系的物理存储形式。

（4）其他运算

其他关系运算有去除重复、投影、集合运算、外连接和聚集等。这些操作都可以用排序和散列实现。

2．表达式计算

表达式计算一般有两种方法。一种方法是以一定的顺序，每次执行一个操作，每次计算的结果都被物化到一个临时关系中。物化计算的代价包括所有运算的代价和把中间结果写回磁盘的代价，其中磁盘 I/O 的代价很高。另一种方法是在流水线上同时执行多个运算，一个运算结果传递给下一个，而不必保存到临时关系中，从而去除了读写临时关系的代价。

7.1.2　并行查询概述

随着计算机核数的增加，并行系统得到普及。在大数据时代，越来越多的应用需要查询非常多的数据或者需要在每秒钟处理非常多的事务，数据库管理系统可以通过使用并行加速处理这些查询和事务，通过并行地使用多个处理器和磁盘，有效地提高处理速度和 I/O 速度。本小节主要介绍并行的查询处理，假设这些查询都是只读操作。

在数据库系统中，可以通过两种方式进行并行处理，第一种是查询间并行（Inter-Query Parallelism），第二种是查询内并行（Intra-Query Parallelism）。

查询间并行指多个查询或者事务在多个处理器和磁盘上并行执行，但是单个查询或者事务在某个处理器上还是以串行方式执行的。查询间并行可以有效地提高事务的吞吐量，扩展事务的处理能力，使得事务处理系统单位时间内能支持更大数量的事务。

查询内并行指单个查询在多个处理器和磁盘上并行执行,它对于一些运行时间很长的查询非常有效,因为查询内并行可以并行地执行单个查询中的不同部分,使得整个查询的计算并行化,从而缩短整个查询的执行时间。

单个查询的执行过程会涉及很多算子,比如选择运算、投影运算、连接运算和聚合运算等。总的来说,查询内并行有算子内并行和算子间并行两种不同的并行化方式,下面分别介绍。

1. 算子内并行

算子内并行指跨处理器并行地处理单个运算符,比如选择、投影和连接等,加快查询速度。下面以并行排序和并行连接为例介绍算子内并行。为了简化描述,假定有 n 个节点 $N_0, N_1, N_2, \cdots, N_{n-1}$,每个节点对应 1 个处理器。

(1)并行排序

并行排序的一个经典场景是对存放在 n 个节点 $N_0, N_1, N_2, \cdots, N_{n-1}$ 上的一个关系 R 进行排序。如果该关系已经进行了范围划分,并且划分属性正是排序要参照的属性,那么可以并行地在每个节点上对每个分区进行排序,然后把各个排序结果连接起来,即可得到完全排好顺序的关系。

如果该关系是按照其他方法划分的,那么可以先根据排序参照的属性,使用范围划分策略重新对关系进行范围划分,使得位于第 i 个范围内的所有元组被发送到节点 N_i 上,然后在每个节点上进行并行排序,最后把所有结果连接到一起,即可得到完全排序的结果。

(2)并行连接

关系运算的连接操作检查元组对查看它们是否满足连接条件,如果满足,数据库会把元组对输出到连接结果。并行连接算法把需要检查的元组对划分到不同的处理器上,每一个处理器在本地计算连接结果,所有处理器并行地计算,最后被系统收集产生最终的结果。

拿最常用的自然连接来说,假设要连接的关系是 R 和 S,并行连接会把关系 R 和关系 S 各自划分为 n 个分区,即 $R_0, R_1, R_2, \cdots, R_{n-1}$ 和 $S_0, S_1, S_2, \cdots, S_{n-1}$,系统会将分区 R_i 和 S_i 发送到节点 N_i 上,计算该部分的连接结果,所有节点并行计算结果再合并即可得到最终的连接结果。

集中式数据库中的散列连接(Hash Join)、嵌套循环连接(Nested-Loop Join)等连接方法都有对应的并行化方法。

(3)其他常用运算的并行

许多常用关系运算符的求值都可以并行化,下面对其做简单介绍。

1）选择。选择的并行化实现与选择条件有关，假设选择条件涉及的属性为 A_i，如果关系 R 是基于属性 A_i 划分的，那么该选择运算在选择条件所涉及的分区的不同处理器上并行执行，否则选择运算在所有处理器中并行执行。

2）去重。去重可以通过并行排序实现，使用任意一种并行排序技术，在排序过程中一旦出现重复就去掉。也可以通过并行地对元组进行分区来实现，在分区的过程中直接去重。

3）投影。不带去重操作的投影可以在元组从磁盘读入时并行地进行。

4）聚集。可以通过在分组属性上划分关系，在每个处理器上计算聚合值并行执行。

2．算子间并行

算子间并行指跨处理器并行执行一个查询中的多个不同的运算，以加快一个查询的处理速度。算子间并行有两种形式——流水线并行和独立并行。

在流水线并行方式下，运算 A 未产生完全的输出元组集合之前就被下一个运算符 B 使用，采用流水线方式可以有效地减少数据库查询处理的计算代价，并且不需要在磁盘保存任何结果，运算可以一直进行下去。故流水线并行是在并行系统中采用流水线，即可以使用两个不同的处理器同时进行运算 A 和运算 B，运算 A 一旦产生结果，运算 B 就立刻使用该结果。

独立并行指查询表达式中互相不依赖的计算可以并行地执行。比如，若对三张表进行连接，则等前两张表自然连接后，再与第三张表的选择过滤进行连接，$A \bowtie B \bowtie \sigma_\theta(C)$，那么 $A \bowtie B$ 和 $\sigma_\theta(C)$ 这两个运算互相不依赖，因此它们可以通过独立并行来加快执行。

7.2 查询执行模型

本节介绍数据库的查询执行模型。数据库的查询执行模型决定了数据库如何执行一个给定的查询计划（Query Plan）。首先介绍最常见的火山模型，然后分析火山模型的优缺点；接着介绍弥补火山模型部分缺点的编译执行模型和向量化执行模型。

7.2.1 火山模型

火山模型（Volcano Model）[3]也叫迭代模型（Iterator Model），是最常见的执行模型。MySQL、PostgreSQL 等数据库都采用火山模型。

火山模型将关系代数中每一种操作都抽象为一个运算符（Operator），将整个 SQL 构建成一棵运算符树，树中的每一个运算符例如连接、排序等都会实现一个 Next() 函数，树的父节点的 Next() 函数会调用子节点的 Next() 函数，子节点会将结果返回给父节点，从根节点到叶子节点自上而下地递归调用 Next() 函数，数据则自底向上被拉取处理。火山模型的这种处理方式也被称为拉取执行模型[4]。

火山模型的优点在于，可以单独地实现每个运算符，不需要关注其他运算符的实现逻辑。但是缺点也很明显：每次计算一个元组（Tuple），不利于 CPU 缓存发挥作用；父节点递归调用子节点的 Next() 函数会造成大量的虚函数调用，导致 CPU 的利用率不高。

火山模型查询处理的性能在由磁盘 I/O 主导的时代非常高效，但是随着硬件的发展，数据存储越来越快，磁盘 I/O 已经不像之前那样是系统的瓶颈了，所以很多方法开始致力于让计算更快，故又出现了两种优化方法——编译执行模型和向量化执行模型。相比火山模型，编译执行模型和向量化执行模型都使数据库查询执行性能得到了极大的提升，下面两个小节将分别介绍。

7.2.2　编译执行模型

编译执行也叫以数据为中心的代码生成（Data-Centric Code Generation），是由 HyPer[5] 率先提出的。它使用 LLVM 编译器框架将查询转换为紧凑、高效的代码，生成的代码对现代 CPU 体系结构十分友好，执行速度非常快，只需花费适度的编译时间，就会为查询带来出色的性能，极大地提高了查询执行的效率。

以数据为中心的编译方法对于所有新的数据库都很有吸引力。依赖主流编译框架，数据库管理系统自动受益于未来编译器和处理器的改进，而无须重新设计查询引擎。有关编译执行的具体细节可以参考文献[6]。

7.2.3　向量化执行模型

向量化执行模型是以火山模型为基础设计的，每个运算符实现一个 Next() 函数。与火山模型不同的是，向量化模型在迭代的过程中，每一个运算符的 Next() 函数返回的都是批量的数据而不只是一个元组。因为成批的返回数据会大量减少调用 Next() 函数的次数，减少了虚函数的调用。而且向量化模型允许在每个运算符中使用 SIMD 的同时处理多行数据。同时，向量化执行以块为单位处理数据，提高了 CPU 缓存的命中率。论文[7]表明向量化模型非常适合复杂的分析性查询，可以将 OLAP 查询的性能提高 50 倍。

7.3 查询优化概述

7.3.1 查询优化整体介绍

数据库中负责查询优化的模块叫作查询优化器，查询优化器的目的是针对一个查询找出一个最有效的查询执行计划。尽量使得查询的总开销最小。查询优化有多种方法，按其优化的层次可分为逻辑查询优化和物理查询优化。逻辑查询优化指对关系代数表达式的优化，即基于等价规则对查询进行等价重写。物理查询优化是对存取路径和底层操作算法的选择，选择的方法有基于规则的启发式优化、基于代价估算的优化和两者结合的优化[1]。

查询优化在数据库中有非常重要的作用，它减轻了用户选择存取路径的负担，不需要用户有很高的数据库技术和程序设计水平。如何使查询获得更高的效率不再是用户需要关心的问题，而是系统的任务。

查询优化器会产生很多和给定查询等价的查询执行计划，最终选择执行代价最小的一个。

查询优化的一般步骤为：

- 依据查询重写规则，把给定的查询转换成等价的、更高效的查询。
- 根据不同的底层的操作算法，生成不同的查询执行计划。
- 选择代价最小的一个查询执行计划。

7.3.2 逻辑查询优化

逻辑查询优化主要依据的是关系代数的等价变换规则，也叫作查询重写规则。这些规则有很多，下面列举一些。

1. 连接运算的交换律

连接运算的两个表交换位置，连接结果不变，但是在嵌套循环连接中，如果外表元组更少，则可以做基于块的嵌套循环连接，所以使用交换律可以把元组更少的表当成外表。

2. 连接运算的结合律

虽然结合律不会导致最终连接结果的改变，但是在多表连接时，一些表提前连接可以显著减少中间结果集的大小，使用结合律可以优先连接这些表。

3．选择和连接的分配率

把所有选择条件下推到与之相关的表上，先做选择再做连接，可以极大地减少中间结果集的大小，此规则几乎是最有效的逻辑优化方法。

总而言之，逻辑查询优化的目的就是使用关系代数的等价转换规则，把给定的查询转化为等价但是更高效的查询。

7.3.3 物理查询优化

物理查询优化的依据是查询代价模型（Cost Model），物理查询优化阶段关注了很多问题。

1．表的访问路径（Access Path）

选择扫描一个表的方法，如顺序扫描（Sequential Scan）、索引扫描（Index Scan）和并行扫描（Parallel Scan）等。

2．连接算法

实现两个表连接，如嵌套循环连接（Nested Loop Join）、散列连接（Hash Join）和排序-归并连接（Sort Merge Join）。

3．表的连接顺序（Join Order）

多表连接时，组织表的连接顺序使代价更小。

查询代价模型的主要任务是对查询执行计划进行代价估算，估算出所有等价的查询执行计划的代价，查询优化器选择最小代价的查询计划用于最终的执行，这种优化器也叫作基于代价的查询优化器（Cost Based Optimizer，CBO）。

物理查询优化阶段也有一些启发式规则，这些规则可以指导底层操作算法的选择。比如，在表的扫描阶段，如果发现表 A 在 B 列上建立了索引，而且刚好对表 A 的选择操作在 B 列上，则可以使用索引扫描，扫描代价很可能比顺序扫描小。

7.3.4 其他优化方法

1．物化视图

物化视图是结果已经被预先计算并保存的视图，一般用于复杂、耗时较多且经常执行的查询，建立物化视图能提高这些查询的性能[2]。假设有物化视图 $A = B \bowtie C$，针对查询 $B \bowtie C \bowtie D$，系统将查询重写为 $A \bowtie D$，这样会降低数据库的执行代价。

2．计划缓存

从上述查询优化的过程可知，查询优化器生成一个理想的查询执行计划会经过很多步骤，消耗了很多计算资源，所以当某个常用的查询经历过一次查询优化、查询执行的过程后，数据库将其执行计划缓存起来，下次再执行同样的查询后，数据库直接使用已经缓存的执行计划，从而提高效率。在 7.4.2 节会详细介绍 PolarDB 的执行计划管理和计划缓存。

7.4　PolarDB 查询引擎实践

本节介绍 PolarDB 在查询引擎方面的实践，主要从 PolarDB 的并行查询技术、PolarDB 的执行计划管理和 PolarDB 的向量化执行三个方面展开。

7.4.1　PolarDB 的并行查询技术

1．PolarDB 并行查询介绍

（1）并行执行介绍

MySQL 最大的问题之一是随着数据的不断增大，查询性能不断下降，查询从毫秒耗时不断攀升，甚至最后以小时计。产生这样高耗时的原因是：在 MySQL 中，一个查询只能在一个线程中执行，随着数据的不断膨胀，始终只能单线程执行查询，即使当前系统资源充足，也无法利用现代 CPU 的多核能力。

如图 7-1 所示，在一个有 64 核的机器上执行一个查询，只有一个线程参与执行，其他 63 个线程都处于等待状态。

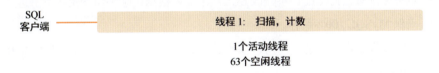

图 7-1　MySQL 串行执行

幸运的是，PolarDB for MySQL 8.0 重磅推出并行查询框架。一旦查询数据量到达一定阈值，就自动启动并行执行框架，在存储层将数据划分成多个扫描片，分片到不同的线程上，多个线程并行计算，将结果流水线汇总到总线程，最后总线程做简单归并，返回给用户。

PolarDB 查询优化器根据语句的执行代价选择是生成串行执行计划还是并行执行

计划。以如下查询为例：

```
SELECT SUM(a) FROM T1 WHERE b LIKE '%xxx%'
```

多个 Worker 分区对表 T1 进行扫描并过滤，各自做求和运算，返回并行主线程（Parallel Leader），再做最终的求和运算，最后返回客户端。

如图 7-2 所示，该查询分为两个阶段执行（从右至左看）。第一个阶段为 64 个线程参与的表扫描（Table Scan）纷纷扫描和计算；第二个阶段将各个线程的计算结果进一步求和。可以看到，并行计算可以充分调动算力，每个线程承担不到 2%的工作量，能大幅度缩短整个查询的端到端时间。

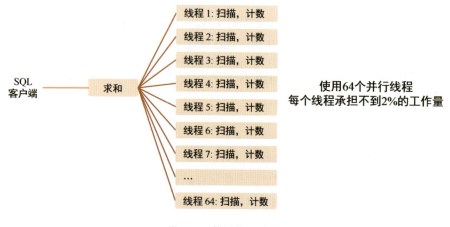

图 7-2　并行执行示例

总体来说，PolarDB 的并行执行有以下几个优点：
- 业务无须做任何适配，不修改 SQL，不迁移数据，也不用变更数据分区。
- 确保 MySQL 100%兼容。
- 大幅度提高查询性能，用户可以明显感受到配置更多算力带来的性能提升。

（2）并行执行设计

1）架构设计。表 7-1 给出了并行执行的相关术语。

图 7-3 展示了 PolarDB 的并行执行架构示意图，主要有 4 个执行模块，自顶向下分别是：
- Leader。主要负责并行执行计划的生成，计算下推和汇总计算结果，如图 7-3 中执行计划的 Gather 节点就是 Leader，接收来自各个消息队列的数据。
- 消息队列。主要负责 Leader 和 Worker 之间的数据通信。每个消息队列表示一个 Worker 和 Leader 的通信关系，有 N 个 Worker，就需要有 N 个消息队列。

表 7-1 并行执行的相关术语

术 语	释 义
Parallel Group	参与到同一个查询的并行执行的线程集合
Leader（Parallel Group Leader）	也可称为 Gather，在同一个 Parallel Group 中，只有一个主线程 (Leader)，主要负责： • 生成并行执行计划 • 初始化 Worker 线程 • 收集 Worker 的结果并进一步计算
Worker（Parallel Group Worker）	Worker 线程从 Leader 线程接受执行计划，执行后将结果返回给 Leader 线程，在同一个 Parallel Group 中，可以有多个 Worker 线程
Message Queue（MQ）	消息队列，是 Worker 线程和 Leader 线程之间的数据传输通道。每个 Worker 线程生成数据后放入消息队列，由 Leader 线程消费数据（在 PQ 框架中，消息队列使用 1-to-1，即每一个消息队列只关联 1 个 Worker 和 1 个 Leader，PolarDB 后续会推出 Muti-Stage Parallel Query，消息队列可以灵活配置为 1-to-1、1-to-n、n-to-1 的通道）

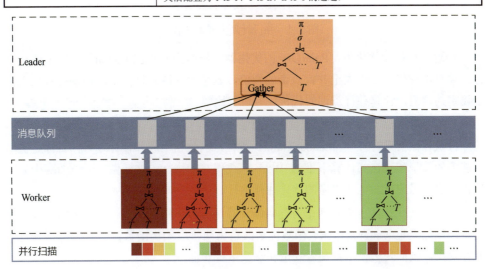

图 7-3 PolarDB 的并行执行架构

- Worker。接收 Leader 下发的执行计划，并将执行结果返回给 Leader。每个 Worker 的执行任务是同构的，不同的是它们具体扫描的数据。例如，图 7-3 中用 5 个颜色表示 Worker 线程，它们内部包含的执行计划是一样的。
- 并行扫描。由 InnoDB 层提供并行扫描功能。表中的数据被切分成多个分区，每个分区内的数据由一个 Worker 负责（如图 7-3 中不同颜色表示的分区块和上层的 Worker 节点是一一对应的）。当一个 Worker 处理完一个分区后，它会申请绑定到一个未被扫描的分区来继续执行。

2）并行计划生成和执行。PolarDB 通过对原有串行执行的框架进行改造来支持并行执行。下面主要从计划的生成和执行两个方面介绍，并行计划生成的过程如图 7-4 所示。

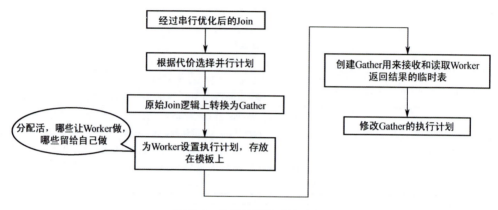

图 7-4　并行计划生成的过程

经过串行执行优化后，PolarDB 的优化器会根据当前的代价判断是否需要并行执行：检查串行代价是否大于并行查询的阈值，表是否支持并行扫描，扫描行数是否大于设定的阈值，计算并行查询的代价，并进行比较。

只有优化器认为并行执行更优时，才会生成并行计划。根据前文介绍，PolarDB 的并行执行框架只有 1 个 Leader/Gather 线程，因此当生成并行计划时，目标是将尽可能多的算子和表达式计算下推到 Worker 线程并行执行。这样做，一方面减少数据传输代价，另一方面可让更多的计算并行执行。

PolarDB 优化器主要从两个方面判断计算是否可下推：一是否需要新的执行方式支持，例如聚集（aggregation）函数需要改造为两阶段聚集函数；二是表达式是否为并行安全，包括表达式本身是否安全和参数是否安全。

并行安全的操作不会与并行查询的使用产生冲突；一个表达式是否为并行安全需要根据具体的实现判断。

例如在 MySQL 中，Rand() 函数是并行安全的，但是 Rand(10) 不是。在 MySQL 中，会用常数做随机数种，初始化一次，就不断计算，导致下推后每个 Worker 线程返回的数列完全一致。而不带常量参数的 Rand() 函数会根据当前线程创建随机数种。

以图 7-1 中的查询为例，经过优化器生成的查询计划可表示如下：

Gather 线程的执行逻辑：

$$\text{select sum(xx) from gather\_table;}$$

其中，gather_table 是为了接收和传输数据而生成的临时表，sum()函数则是考虑聚集运算下推构造的二阶段计算。

Worker 线程的执行逻辑：

$$\text{select count(*) as xx from t1;}$$

Worker 线程计算表 t1 的 count 值。优化结束后，Worker 只知道逻辑任务，并不知道将要处理具体数据的哪一部分。这一部分留给执行态决定。

区分了 Gather 和 Worker 线程各自的执行任务后，下一步需要创建用来接发数据的临时表。Worker 线程将数据填充到该临时表，屏蔽底层的操作；Leader/Gather 节点则在逻辑上扫描该临时表做进一步处理。

优化之后进入执行阶段。图 7-5 描述了 Gather 和 Worker 线程的主要工作流程。Gather 线程初始化后会设置并行扫描的实际分区，创建所需的消息队列，并启动 Worker 线程，然后等待被唤醒读取数据。考虑到 PolarDB 的数据物理上都是以 B+树的形式进行管理的，因此切分分区时 Gather 线程只需访问部分 B+树索引中的节点，自顶向下广度优先遍历，逐级切分。以如图 7-6 的树为例，该树层高为 3，包含 32 个数据。若当前目标分区为 2，则 Gather 节点在访问根节点后，就可以将其一分为二，得到两个数据分区。若当前目标为 8 个分区，则 Gather 节点会继续探索下一层节点（图 7-6 中 level = 1 的节点）判断分区。为了控制切割分区带来的额外开销，PolarDB 会避免对叶子节点的遍历。

在优化阶段，PolarDB 只确定了并发度（Degree of Parallelism，DOP），并不知道物理上数据如何切割成分区（Partition）来处理。如果分区数过少，那么可能导致实际并发度低，工作分配极度不均；如果分区数过多，则会引起 Worker 线程的频繁切换。

目前，PolarDB 的分区切割指导策略为：分区数目为并发度的 100 倍。当一个 Worker 线程执行结束后，会向 Leader 线程请求访问下一个可访问分区。直到所有数据处理完毕。

Worker 线程在优化结束后，共享一个执行计划模板（Plan Template）。初始化时除需要创建相关环境变量外，主要的工作是克隆表达式和克隆执行计划。然后执行并将数据输出到消息队列中。此时，Gather 线程会被唤起处理数据。由于 PolarDB 中的表达式没有完善的抽象表示，因此需要为每个表达式实现合理的克隆方案，保证每个 Worker 线程的执行计划完整且不受其他线程的影响。

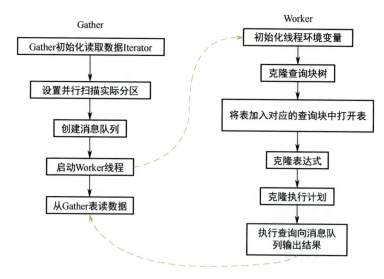

图 7-5 Gather 和 Worker 线程的主要工作流程

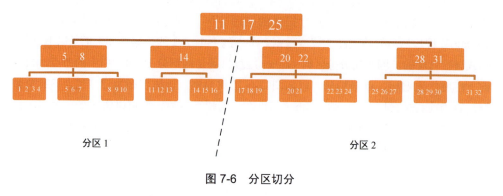

图 7-6 分区切分

（3）并行算子阐述

PolarDB 目前支持了丰富的并行执行场景以满足客户的需求。本小节简述各个算子的并行执行流程。

1）并行扫描。在并行扫描中，每个 Worker 并行独立地扫描数据表中的数据。Worker 扫描产生的中间结果集将会返回给 Leader 线程，Leader 线程通过 Gather 操作收集产生的中间结果，并将所有结果汇总后返回到客户端。

2）多表并行连接。并行查询会将多表连接操作完整地下推到 Worker 上执行。PolarDB 优化器只会选择一个自认为最优的表进行并行扫描，除该表外，其他表都是一般扫描。每个 Worker 会将连接后的结果集返回给 Leader 线程，Leader 线程通过 Gather 操作汇总，最后将结果返回给客户端。

3）并行排序。PolarDB 优化器会根据查询情况，将 Order By 下推到每个 Worker 执行，每个 Worker 将排序后的结果返回给 Leader，Leader 通过聚集归并排序（Gather Merge Sort）操作进行归并排序，最后将排序后的结果返回到客户端。

4）并行分组。PolarDB 优化器会根据查询情况，将 Group By 下推到 Worker 上并行执行。如果将要并行的表可以按 Group By 的属性进行分区，或者以 Group By 中的多个属性的前几个属性进行分区，那么可以将分组（Grouping）操作完全下推到 Worker 执行，因此 Having、Order By 和 Limit 也可以同时下推到 Worker 执行，以提高查询性能。Leader 线程通过 Gather 操作收集产生的中间结果，并将所有结果汇总后返回到客户端。

5）并行聚集。并行查询执行聚集函数下推到 Worker 上并行执行。并行聚集通过两次聚集来完成。第一次，参与并行查询部分的每个 Worker 执行聚集步骤。第二次，Gather 或 Gather Merge 节点将每个 Worker 产生的结果汇总到 Leader。Leader 会将所有 Worker 的结果再次进行聚集，得到最终结果。

6）并行计数。PolarDB 优化器会根据查询情况，将计数操作下推到 Worker 上执行。每个 Worker 根据自己负责的主键（Key）范围找到对应的数据执行 Select count(*)操作。由于专门在引擎层对 Select count(*)做了优化，引擎可以快速遍历数据获得结果。Worker 会将计数操作的中间结果返回给 Leader，Leader 汇总所有数据并进行计数。并行计数除了支持聚集索引，还支持二级索引的并行查找。

7）并行半连接。半连接（Semi-Join）支持五种策略，分别是 Materialize Lookup、Materialize Scan、Firstmatch、Weedout 和 Loose Scan。对于这五种策略，PolarDB 都支持并行。其中，Materialize Lookup 和 Materialize Scan 有两种并行方式，一种是将半连接下推到 Worker 上去并行执行，每个 Worker 负责部分数据和物化表的半连接；另一种是物化并行提前下推到 Worker 执行，半连接时共享物化表。PolarDB 优化器会根据查询情况，选择最优的并行方式。其余三种策略只有一种并行方式，即半连接下推到 Worker，每个 Worker 会将连接后的结果集返回给 Leader 线程，Leader 线程通过聚集操作进行汇总，最后将结果返回给客户端。

8）子查询支持。在并行查询下对子查询有 4 种执行策略：在 Leader 线程中串行执行；在 Leader 线程中并行执行（Leader 线程会启动另一组 Worker）；共享访问（Shared Access），用于提前并行执行；下推执行（Pushed Down）。

对于第一种执行策略，当子查询不可并行执行时，比如两个表连接，在连接条件上引用了用户的函数，此时子查询会在 Leader 线程上进行串行查询。

对于第二种执行策略，生成并行计划后，在 Leader 执行的计划上包含有可并行执行的子查询,但这些子查询又不能提前并行执行(即不能采用共享访问)。比如,当前子查询中包括窗口函数(Window Function),就要采用这样的执行策略。

对于第三种执行策略,生成并行计划后,Worker 的执行计划引用了可并行执行的子查询,PolarDB 优化器会选择提前并行执行这些子查询,让 Worker 可以直接访问这些子查询的结果。

对于第四种执行策略,生成并行计划后,Worker 执行计划引用了相关子查询,这些子查询会被整体下推到 Worker 中去执行。

(4)并行查询的限制

PolarDB 会持续迭代并行查询的能力,目前以下情况暂时无法享受并行查询带来的性能提升:

- 查询系统表或非 InnoDB 表。
- 使用全文索引的查询。
- 临时表上不带条件的 Select count(*)运算。
- 在内存引擎的临时表上做并行扫描。
- 存储过程。
- 递归公共表表达式(Recursive Common Table Expression)。
- 窗口函数(函数本身不能并行计算,整个查询可以并行)。
- GIS 函数(函数本身不能并行计算,整个查询可以并行)。
- 索引合并(Index Merge)。
- 串行化隔离级别下事务内的查询语句。

2.并行执行的资源管理

为了保证更好的稳定性,监控系统执行情况,PolarDB 还提供了丰富的资源管理功能。

(1)并发度控制

目前可通过参数 max_parallel_workers 控制每个查询的最大并发数:

```
set max_parallel_workers = n
```

PolarDB 会根据线程数、内存资源和 CPU 资源等,为系统负载确定一个小于 n 的并发度。

(2)内存约束

```
set query_memory_hard_limit = n;
```

```
set query_memory_soft_limit = m;
```

用户通过两个参数即 query_memory_hard_limit 和 query_memory_soft_limit 进一步控制并行执行使用的内存资源，包括临时表空间、排序缓冲区（Sort Buffer）和连接缓冲区（Join Buffer）。排序缓冲区是系统中对数据进行排序时所用的缓冲区，连接缓冲区是数据库进行连接操作时所用的缓冲区。系统中的硬限制（Hard Limit）和软限制（Soft Limit）的差异在于，系统内存使用超过前者时，会根据内存管理策略中止执行部分查询；而超过后者时，PolarDB 的优化器不会再选择并行执行。

（3）执行状态监控

用户可通过查询系统表，查看当前并行执行的状态，如：

```
select * from performance_schema.events_parallel_query_current
```

并行执行状态如下：

```
*************************** 1.row ***************************
THREAD_ID: 94
PARENT_THREAD_D: 0
PARALLEL_TYPE: GATHER
EVENT_ID: 11
END_EVENT_ID: NULL
EVENT_NAME: parallel query
STATE: COMPLETED
PLANNED_DOP: 16
ACTUAL_DOP: 16
NUMBER_OF_PARTITIONS: 36
PARTITIONED_OBJECT: t1
ROWS_SCANED: 10189
ROWS_SENT: 77
ROWS_SORTED: 0
EXECUTION_TIME: 435373818
NESTING_EVENT_ID: 9
NESTING_EVENT_TYPE: STATEMENT

*************************** 2.row ***************************
THREAD_ID: 95
PARENT_THREAD_ID: 94
PARALLEL_TYPE: WORKER
EVENT_ID: 2
END_EVENT_ID: NULL
```

```
EVENT_NAME: parallel query
STATE: COMPLETED
PLANNED_DOP: 0
ACTUAL_DOP: 0
NUMBER_OF_PARTITIONS: 0
PARTITIONED_OBJECT:
ROWS_SCANED: 718
ROWS_SENT: 8
ROWS_SORTED: 0
EXECUTION_TIME: 423644016
NESTING_EVENT_ID: 1
NESTING_EVENT_TYPE: STATEMENT
```

3．如何使用并行执行

目前，PolarDB for MySQL 8.0 支持并行查询，可以通过系统参数或 Hint 开启或关闭该功能，不需要修改 SQL（Hint 除外）。

Hint 作为一种 SQL 补充语法，在关系数据库中扮演着非常重要的角色。它允许用户通过相关的语法影响 SQL 的执行方式，对 SQL 进行特殊的优化。同样，PolarDB 也提供了特殊的 Hint 语法。

（1）通过系统参数控制并行

PolarDB 通过全局参数 max_parallel_degree 控制每一条 SQL 最多使用的并行执行线程数，默认值是 0，可以在使用过程中随时修改该参数（参考控制台修改参数），无须重启数据库，如图 7-7 所示。

图 7-7　系统参数配置设置

根据经验推荐设置如下：

并行度参数从低到高，逐渐增加，不要超过 CPU 核数的 1/4，实例 CPU 核数大于或等于 8 才能打开并行查询，小规模实例不建议打开。例如，刚开始使用时，设置为 2，试运行一天后，如果 CPU 压力不大，则可以往上增加，如果 CPU 压力较大，则停止增加。

当 max_parallel_degree 为 0 时，表示关闭并行计算；当 max_parallel_degree 为 1 时，表示打开并行，但并行度只有 1。

并行度参数 max_parallel_degree 的使用是为了保持兼容性以及 MySQL 配置文件的规则，PolarDB 在控制台的参数中添加了前缀"loose"，即 loose_max_parallel_degree，以保证其他版本接受该参数时也不会报错。

打开并行查询开关时，需要同时关闭 innodb_adaptive_hash_index，因为 innodb_adaptive_hash_index 会影响并行查询的性能。

除了全局的集群级别，也可以单独调整某 Session 内 SQL 查询的并行度，通过 Session 级设置环境变量。把如下命令加到 JDBC 的连接串配置中，可以对某个应用程序单独设置并行度。

```
set max_parallel_degree = n
```

（2）使用 Hint

1）Hint 介绍。使用 Hint 语法对单个语句进行控制，比如系统默认关闭并行查询。但需要对某个高频的慢 SQL 查询进行并行处理，在这种情况下，使用 Hint 对某些特定 SQL 进行加速就非常有必要。打开并行有两种方式，分别为：

```
SELECT /*+PARALLEL(x)*/ ... FROM ...;   -- x >0
SELECT /*+ SET_VAR(max_parallel_degree=n) */ * FROM ...   // n > 0
```

对应的关闭并行方式为：

```
SELECT /*+NO_PARALLEL()*/ ... FROM ...
SELECT /*+ SET_VAR(max_parallel_degree=0) */ * FROM ...
```

2）Hint 高级用法。并行查询提供了并行（PARALLEL）和非并行（NO_PARALLEL）两种 Hint。通过并行的 Hint 可以强制查询并行执行，同时可以指定并行度和并行扫描的表。通过非并行的 Hint 可以强制查询串行执行，或者指定不选择某些表作为并行扫描的表。并行和非并行 Hint 语法如下：

```
/*+ PARALLEL [( [query_block] [table_name] [degree] )] */
/*+ NO_PARALLEL [( [query_block] [table_name][, table_name] )] */
```

其中，query_block 是应用 Hint 的 Query Block 名称；table_name 是应用 Hint 的表名称；degree 是并行度。具体语法如下：

```
SELECT /*+PARALLEL()*/ * FROM t1, 2;
```

并行执行时以下两个参数需要进行设置：

- 设置 force_parallel_mode 为 true（即使表记录数小于某个值，依旧会强制

并行);
- 并行度使用系统默认的 max_parallel_degree。如果 max_parallel_degree > 0，则打开并行；如果 max_parallel_degree=0，则依旧关闭并行。

并行执行的样例如下。

例 1

```
SELECT /*+PARALLEL(8)*/ * FROM t1, t2;//强制并行度=8 并行执行
```

并设置 force_parallel_mode 为 true（表示当表记录数少时依旧会强制并行）。

并行度设置 max_parallel_degree=8。

例 2

```
SELECT /*+ SET_VAR(max_parallel_degree=8) */ * FROM ...
```

设置并行度 max_parallel_degree=8。

但 force_parallel_mode 为 false（表示当表记录数少于某个阈值时会自动关闭并行）。

例 3

```
SELECT /*+PARALLEL(t1)*/ * FROM t1, t2;
```

选择 t1 表并行，对 t1 表执行/*+PARALLEL()*/ 语法。

例 4

```
SELECT /*+PARALLEL(t1 8)*/ * FROM t1, t2;
```

强制并行度为 8 且选择 t1 表并行执行，对 t1 表执行/*+PARALLEL(8)*/语法。

例 5

```
SELECT /*+PARALLEL(@subq1)*/ SUM(t.a) FROM t WHERE t.a =
(SELECT /*+QB_NAME(subq1)*/ SUM(t1.a) FROM t1);
```

强制 subquery 并行执行，并行度用系统默认 max_parallel_degree。

如果 max_parallel_degree > 0，则打开并行；max_parallel_degree=0 时，依旧关闭并行。

例 6

```
SELECT /*+PARALLEL(@subq1 8)*/ SUM(t.a) FROM t WHERE t.a =
(SELECT /*+QB_NAME(subq1)*/ SUM(t1.a) FROM t1);
```

强制 subquery 并行执行，并行度设置 max_parallel_degree 为 8。

例 7

```
SELECT SUM(t.a) FROM t WHERE t.a =
(SELECT /*+PARALLEL()*/ SUM(t1.a) FROM t1);
```

强制 subquery 并行执行。

并行度用系统默认 max_parallel_degree。

如果 max_parallel_degree > 0,则打开并行,max_parallel_degree=0 时,依旧关闭并行。

例 8

```
SELECT SUM(t.a) FROM t WHERE t.a =
(SELECT /*+PARALLEL(8)*/ SUM(t1.a) FROM t1);
```

强制 subquery 并行执行,设置并行度 max_parallel_degree 为 8。

例 9

```
SELECT /*+NO_PARALLEL()*/ * FROM t1, t2;
```

禁止并行执行。

例 10

```
SELECT /*+NO_PARALLEL(t1)*/ * FROM t1, t2;
```

只对 t1 表禁止并行,当系统打开并行时,有可能对 t2 进行并行扫描。

例 11

```
SELECT /*+NO_PARALLEL(t1, t2)*/ * FROM t1, t2;
```

同时对 t1 和 t2 表禁止并行。

例 12

```
SELECT /*+NO_PARALLEL(@subq1)*/ SUM(t.a) FROM t WHERE t.a =
(SELECT /*+QB_NAME(subq1)*/ SUM(t1.a) FROM t1);
```

禁止 subquery 并行执行。

例 13

```
SELECT SUM(t.a) FROM t WHERE t.a =
(SELECT /*+NO_PARALLEL()*/ SUM(t1.a) FROM t1);
```

禁止 subquery 并行执行。

注意:对于不支持并行的查询或者并行扫描的表,Parallel Hint 不生效。并行子查询的选择方式也可以通过 Hint 进行控制,语法及说明如下。

- /*+ PQ_PUSHDOWN [([query_block])] */ 对应的子查询会选择 Push Down 的并行子查询执行策略。
- /*+ NO_PQ_PUSHDOWN [([query_block])] */ 对应的子查询会选择 Shared Access 的并行子查询执行策略。

具体示例如下:

例 1：#子查询选择 Push Down 并行策略

```
EXPLAIN SELECT /*+ PQ_PUSHDOWN(@qb1) */ * FROM t2 WHERE t2.a = (SELECT
/*+ qb_name(qb1) */ a FROM t1);
```

例 2：#子查询选择 Shared Access 并行策略

```
EXPLAIN SELECT /*+ NO_PQ_PUSHDOWN(@qb1) */ * FROM t2 WHERE t2.a =
(SELECT /*+ qb_name(qb1) */ a FROM t1);
```

例 3：#不加 query block 进行控制

```
EXPLAIN SELECT * FROM t2 WHERE t2.a =
(SELECT /*+ NO_PQ_PUSHDOWN() */ a FROM t1);
```

（3）强制优化器选择并行执行

PolarDB 优化器可能不选择并行执行查询，比如当表小于 20000 行时，若希望优化器忽略代价比较，则尽可能选择并行计划，可以对变量做如下设置：

```
set force_parallel_mode = on
```

注意：这是一个调试参数，不建议在生产环境中使用。而且由于并行查询场景的限制，在有些情况下即便设置了该变量，优化器也有可能不选择并行。

7.4.2　PolarDB 的执行计划管理

1．执行计划管理

（1）执行计划管理介绍

基于代价的查询优化器试图找到执行的最佳计划，最佳通常的表现是执行时间短、占用资源少。一方面，数据库开发者会通过更精确的代价模型、更精准的基数估计来找到更好的执行计划；另一方面，要考虑优化过程本身引入的开销，特别是对 OLTP 场景的查询。例如，无论是否生成相同的计划，MySQL 始终都会对同一条 SQL 语句执行完整优化（在商业数据库 Oracle 中也称为硬解析）。但是 Oracle 会使用计划缓存（Plan Cache）。计划缓存是一种众所周知的解决方案，它通过重用缓存的计划来绕过优化流程。但是只缓存一个计划难以满足需求。参数的变化，数据的增删，甚至数据库系统状态的改变，都会导致该计划效果退化。

一个合理的缓解方案是缓存多个执行计划。当有多个针对不同参数的潜在可选计划时，优化器会为特定输入选择最有效的计划，称之为"自适应计划缓存"（Adaptive Plan Cache）。自适应计划缓存根据查询谓词的选择率来判断是否需要生成新的计划以及在多个缓存中哪一个最适用。自适应计划缓存能较好地缓解参数不同导致的计划效果退化的问题。

但是计划的效果退化不仅仅在于谓词的选择率不同。连接顺序、表的访问方式和物化策略等都会导致计划次优。此外，随着系统参数的变化，数据的更新，系统中可能产生更优的未被缓存的执行计划。

因此数据库需要一个更加完善的计划演进管理方案，通常称其为 SQL 执行计划管理（SQL Plan Management，SPM），主要用于数据库升级、统计信息更新和优化器参数调整等时期，防止数据库在执行同一查询时发生的显著性能回退。SQL 执行计划管理通过维护查询的基线执行计划集合（Plan Baseline）来确保性能底线。然而，由于数据库升级和数据的变化，可能产生更优的执行计划，所以基线计划集合也需要及时演进。经过验证的更优的执行计划，会被加入 SQL 执行计划管理的基线集合中，成为下一次该查询执行的备选计划。因此 SQL 执行计划管理既要维护基线集合，防止性能回退；又要积极演进，确保在不影响当前系统性能的情况下，及时发现更优的执行计划。

SQL 执行计划管理中的执行计划通常有三个状态——新生成（New）、已接受（Accepted）和已验证（Verified）。New 表示新生成的未经过验证的计划，Verified 表示经过执行验证的计划，Accepted 表示经过验证有明显优势的计划，通常会被加入基线集合中。除了计划演进，用户还可手动指定哪些计划配置为已接受。

SQL 执行计划管理主要有三个功能模块：

1）SQL 计划基线捕捉。为参数化 SQL 查询创建 SQL 计划基线。这些基线表示相关 SQL 语句的已被接受的执行计划，即现有最优或者被 DBA 强制选择的执行计划。一个查询可以有多个基线计划（查询的参数值不同，最优计划也不同）。

2）SQL 计划选择路由

- 确保大部分工作负载被路由到已接受的计划执行。
- 将一小部分工作量路由到未接受的计划中进行验证。

3）SQL 计划演进。评估未接受计划的执行情况，如果执行情况已得到显著的性能改进，则将其升级为已接受计划，加入基线计划中。

图 7-8 展示了 SQL 执行计划管理流程。当系统接收到一个查询时，生成执行计划，并判断是否需要为该查询维护执行计划。如果否，则直接执行；如果是，则需要判断该计划是否在基线集合中。若已存在（即已经是被接受的基线计划之一），则直接执行；反之，则将其加入执行计划历史库（Plan History）等待执行，同时从基线集合中挑选出代价最小的计划来执行。

PolarDB 提供了多种执行计划管理策略，包括计划缓存（即为每个查询缓存一个计划），自适应计划缓存（即为每个查询缓存多个计划），但是没有演进和 SQL 执行计划管理（即为每个查询缓存多个计划并采用在线或者离线演进方案）。分解了各个策略的基本功能后，将这三种策略在 PolarDB 上有机组合起来，使其成为一个和谐统一的整体。用户可以根据业务需求选择使用更合适的策略。

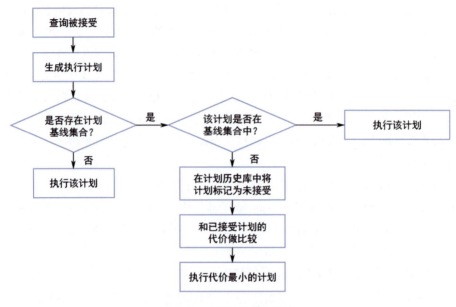

图 7-8　执行计划管理流程

（2）执行计划管理架构

上面介绍的计划缓存、自适应计划缓存和 SQL 执行计划管理三个不同的计划管理策略各有侧重。图 7-9 介绍了与执行计划管理相关的所有模块，下面分别从计划保存、计划表示和捕获、计划缓存和计划管理等方面描述三个不同的策略如何在同一个平台上有机地组合。图 7-9 中黄色、蓝色、橙色部分表示公共组件，可用于支持所有策略。绿色部分表示这三个策略的实现方案。

1）计划保存。图 7-9 中黄色部分描述了 SQL 和 Plan 的保存模块。SQL 历史库（SQL History）用于检测重复的 SQL 语句。当系统以自动基线捕获模式运行时，仅收集至少出现两次的 SQL 语句，然后第一个计划被标记为基线计划。计划基线（Plan Baseline）指保存 SQL 语句的基线计划，为执行计划历史库的子集。被标记为已接受的计划才能成为基线计划。执行计划历史库（Plan History）用于保存历史执行计划信息。一个 SQL 语句被发送到 PolarDB 后，优化器查找其基线计划，计算每个计划的开销，并择优执行。同时，优化器也会走常规的优化流程，是为了及时检测是否有新的、更优的执行计划产生。

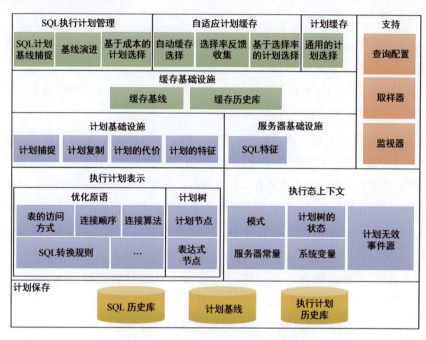

图 7-9　PolarDB 执行计划管理模块

2）计划表示和捕获。图 7-9 中蓝色部分表示计划的表示、捕获和回访等模块。由于 PolarDB 中没有一个好的抽象方案表示执行计划,所以无法获得一个剥离了执行态的结构化信息。因此需要秉持最小入侵的原则,充分利用现有信息来表示。

- 执行计划表示

PolarDB 中没有一个的抽象方案来表示执行计划,因此通过优化原语和计划树表示。优化原语包括表的访问方法、连接顺序、连接算法和 SQL 转换规则等。计划树包括各个执行节点信息、表达式结构等。某挑战在于必须确保(优化原语和计划树)捕获执行计划中的所有信息,经过序列化和反序列化后能完整复原原有的执行计划。

- 执行态上下文

主要描述生成执行计划时的其他系统信息,例如系统参数设置、当前查询的模式信息。此外,需要计划无效事件源(Plan Invalidation Event Sources)模块及时地将无效的执行计划淘汰。执行计划无效通常由表的模式变更导致。

- 计划基础设施

优化后,PolarDB 将捕获并将执行计划保存到执行计划历史库中以供后续重复使用。此外为了重复执行，系统可能需要根据缓存中的表示方式来重现计划，为复原后的计划估算代价等。

3）计划管理。图 7-9 中绿色部分表示不同的计划管理策略入口，包括计划缓存、自适应计划缓存和 SQL 执行计划管理模块。

计划缓存策略只为每个查询保存一个计划缓存。如果未命中，则生成新计划并加入缓存中；若命中，则直接执行。

自适应计划缓存主要包括自动缓存选择（Plan Selection）、选择率反馈收集和基于选择率的计划选择。自动缓存选择会根据当前查询的谓词选择率，来查询是否有匹配的缓存。如果有，则直接命中执行；如果没有，则需要生成新的执行计划。"匹配"指新查询的谓词选择率和已有缓存的谓词选择率差异小于一定阈值（通常是 5%）。

SQL 执行计划管理策略主要包括 SQL 计划基线捕获、基线演进和基于成本的计划选择。SQL 计划基线捕获和前两个策略类似，捕获后加入执行计划历史库，标记为新生成或者未验证状态，等待执行。基线演进通常有在线（online）和离线（offline）两种方案。基于成本的计划选择负责从多个基线计划中选择较优的一个。

在线演进方案中，PolarDB 采用了 $a+2b$ 的策略，即对一个查询，有 $a\%$ 的概率从基线中选择计划，有 $b\%$ 的概率尝试新的未被验证的计划。同时，$b\%$ 的查询还会尝试基线计划。PolarDB 会比较这两者的差异，获取更好的执行反馈。更多的关于在线演进的策略会在下一章节中展开。离线演进方案相对简单，在满足一定触发条件时执行，比如定时触发、数据更新较多时触发等。

4）优化和执行流程。有了以上模块为基石，PolarDB 就能实现多策略执行计划的管理。在优化阶段，若该 SQL 语句从未执行过，则对任意策略而言，要做的就是将其捕获并加入基线计划中。这一部分不再赘述。若该 SQL 语句有缓存的计划，则根据用户选择的不同执行计划管理策略来执行，其执行逻辑如图 7-10 所示。

根据所选的策略，即计划缓存、自适应计划缓存或 SQL 执行计划管理，PolarDB 会调用相应模块执行。

- 若为计划缓存策略，则直接命中缓存计划。
- 若为自适应计划缓存策略，则判断当前计划是否能命中。自适应计划缓存策略会根据统计信息估计当前查询谓词的选择率 R。查询所有在基线中的计划的对应谓词区间。若能找到一个计划 P，其谓词选择率 R' 和 R 的误差小于 5%，则称为命中。若命中，则根据谓词选择率选择计划，并适当调整基线计划的谓词覆盖范围（称为 Split）；若不命中，则需要通过常规的基于代价的查询优化进行计划选择并加入基线计划中。

- 若为 SQL 执行计划管理策略，则优化器会选择已接受的执行计划，预估其代价，然后根据演进策略判断是否需要生成新的执行计划，若是，则进入基于代价的查询优化流程，并将新的执行计划加入执行计划历史库中。

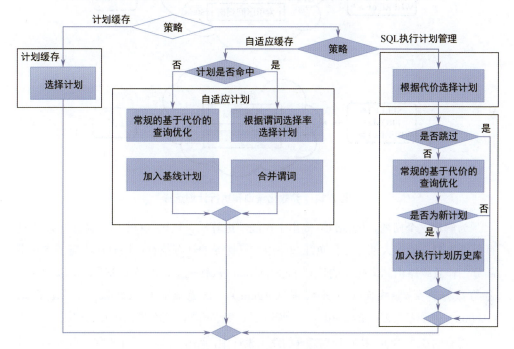

图 7-10　多策略执行逻辑

在执行阶段，若为计划缓存策略，则直接执行命中的缓存计划；若为自适应缓存策略，则会收集执行态的谓词选择率数据加入反馈模块；若为 SQL 执行计划管理策略，则会根据演进策略更新所需反馈。

2．执行计划演进

传统 SQL 执行计划管理有两个问题。第一，在基于代价的查询优化后还有计划选择模块，重新评估所有已接收计划的代价，没有考虑执行时的反馈。第二，传统 SQL 执行计划管理没有考虑在当前工作负载下，产生更优执行计划的可能性。

如图 7-11 所示，参数化后的查询，在面对不同的实际参数值时，最优的执行计划是不同的。当 C1>5 时，最优执行计划为全表扫描，而当 C1>50 时，最优计划为索引区间扫描。所以，SQL 执行计划管理不仅仅需要考虑对某个查询的最优解，还需要考虑在当前负载下，不同计划最优的占比是多少，来优化整个负载的执行时间。

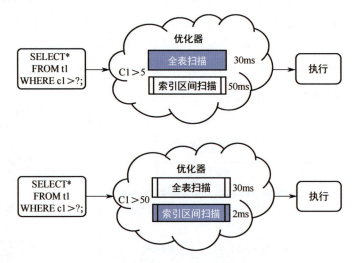

图 7-11 参数化查询和执行计划选择

为解决这个问题，PolarDB 提出了在线演进算法，通过 SQL 计划路由模块和执行反馈机制，确保大部分工作负载被路由到已接受的计划执行；同时在线演进将一小部分工作负载路由到未接受的计划中进行验证。从强化学习的角度来看，可以设计一个与数据库管理系统交互的代理（Agent），它遵循策略（Policy）采取行动（Action）并观察奖励（Reward）。它使用奖励改善策略，从而最大化其总奖励。

现有的在线 SQL 执行计划管理的路由设计中，路由时只有两个选择，分别为执行一个已接受的计划和常规的基于代价的查询优化路径。该方案的优势在于，避免了盲目尝试未接受计划的代价；它的劣势在于不能找到当前负载的最优解。只考虑这两个行动项是不够的，因此在 PolarDB 的在线 SQL 执行计划管理演进系统中，有如下定义。

- 行动（Action）：即 SQL 执行计划管理的计划路由的决策空间，可以选择已接受的基线计划；选择未接受的计划；选择常规优化器路径。
- 状态（State）：传入的参数化查询。
- 奖励（Reward）：执行时间。
- 目标（Goal）：找到能够最小化总体执行时间的策略。

一条 SQL 语句进入系统，查询解析器将其参数化并转给 SQL 执行计划管理的路由。SQL 执行计划管理的路由从当前策略中获取每个可能行动的 Q-value。以 ε 的概率从未接受的计划中选择，以验证其效果；以 $1-\varepsilon$ 的概率选择基线计划以提高稳定性，其中 $0<\varepsilon<1$。

优化器生成物理查询计划，并传递给执行引擎。执行后，数据库管理系统将查询结果返回给客户端，并触发 SQL 执行计划管理的演进逻辑。执行计划及其延迟（未来会添加 CPU 内存开销，扫描行数等维度）作为执行反馈，被添加到代理的经验中，作为 Q-value 迭代的起点。SQL 执行计划管理的演进通过使用最新经验完善策略，当有足够的统计数据表明未接受的计划明确优于基线计划时，则更新基线。

对于客户端发送的每个查询，都将进行参数化查询，路由到一个动作，收集和发展经验的过程。对一个查询，上述流程会多次执行，构成校正反馈回路。在探索阶段，若 SQL 执行计划管理的演进希望某个未接受的计划能带来更好的性能收益，但执行后发现该计划延迟很高时，代理会学习如何赋予该计划一个更低的权重来降低它被选中执行的概率。

PolarDB 提出的在线 SQL 执行计划管理演进技术集成了一个轻量级的增强型学习框架，它通过获取的执行反馈改善路由器决策和优先演化。从长远来看，是预期收益最大的执行计划，减轻了"次优执行计划演变为基准"这一问题带来的影响。均衡负载、偏斜负载和可变负载的测试实验结果表明，与传统的计划管理框架相比，PolarDB 的在线执行计划演进技术可以正确地收敛到最佳计划，并且能够更快地适应各种工作负载。

7.4.3　PolarDB 的向量化执行

1．向量化执行介绍

传统的执行引擎采用的一次一元组（Tuple-at-time）的方式不能充分地利用当前处理器的特性（例如 SIMD 指令、数据预取和分支预测等）。向量化执行和编译执行是数据库执行引擎常用的两种加速方案。本节主要介绍 PolarDB 的向量化执行方案。

向量化可完美复用火山模型的拉取式模型，唯一的区别是每个算子的 Next() 函数，被对应的 NextBatch() 函数替换，每次返回的是一批数据（如 1024 行）而不是一行数据。向量化执行的优势在于：

- 减少火山模型中的虚函数调用数量，尤其是对表达式计算的虚函数调用。
- 以 Batch/Chunk 为基本处理单元，需要处理的数据连续存放，大大提高了现代 CPU 缓存的命中率。

- 在算子和表达式中同时处理多行数据（通常为 1024），使得 SIMD 有了用武之地。

PolarDB 优化器会根据预估的代价和算子特性判断是否需要采用向量化执行。但并不是所有算子都会从向量化执行中获得收益，例如排序算子和散列算子等。因此，PolarDB 支持混合执行计划（Hybrid Execution Plan）。在混合执行计划中允许向量化和非向量化的算子同时存在。

2．向量化执行架构

图 7-12 简略描述了如何在 PolarDB 架构上实现向量化框架，自下而上逐层说明。PolarDB 底层为行存数据（Row-Storage），但向上提供了扫描的批量读取（Batch Read）接口，可以一次返回多行数据。当执行层接收到数据时，会将其转换为内存中的柱状布局（Columnar Layout），方便上层访问。

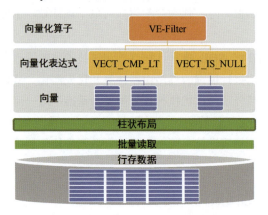

图 7-12　PolarDB 向量化执行架构

向量（Vector）表示来自同一列的多个数据（通常为连续的），在执行态，每个向量会根据列信息绑定到内存中的柱状布局的某个固定位置，参与后续计算，而无须额外的数据物化操作。当所有向量的数据被处理完毕后，PolarDB 会再次调用批量读取接口来获取数据。有了向量作为基本的操作单元，系统下一步需要支持向量化表达式和向量化算子。向量化表达式需要支持一次对多个数据的处理。为了保证兼容性和减少对硬件的依赖，PolarDB 通过对原有的表达式框架上的增强来实现，并主要通过引入 For 循环（For-Loop）实现加速，把更多的编译优化留给编译器。PolarDB 目前支持向量化的表扫描、过滤操作和散列连接。在执行向量化散列连接时，主要解决了两个问题：在构造（build）阶段的 key（key 指连接条件涉及的属性）提取和 key 插入，以及在探测（probe）阶段的 key 查找。

3．使用向量化执行参数配置

目前 PolarDB 提供了多个系统变量来控制向量化的启用，表 7-2 展示了向量化执行启动的参数，表 7-3 展示了向量大小的控制参数，表 7-4 展示了向量化信息显示的控制参数。具体参数说明如下。

1）vectorized_execution_enable：是否启用向量化执行，如表 7-2 所示。

表 7-2　vectorized_execution_enable

Property	Value
System Variable	vectorized_execution
Scope	Global，Session
Dynamic	Yes
Type	Boolean
Default Value	Off

2）vector_execution_batch_size：控制每个 vector 的大小，默认值为 1024，如表 7-3 所示。

表 7-3　vector_execution_batch_size

Property	Value
System Variable	vectorized_execution_batch_size
Scope	Global，Session
Dynamic	Yes
Property	Value
Type	Integer
Default Value	1024
Value Range	[1，1024]

3）vectorized_explain_enabled：在 explain 时显示可否向量化信息，如表 7-4 所示。

表 7-4　vectorized_explain_enabled

Property	Value
System Variable	'vectorized_execution_explain'
Scope	Global，Session
Dynamic	Yes
Type	Integer
Default Value	Off

参 考 文 献

[1] GARCIA-MOLINA H, D.ULLMAN J, WIDOM J.数据库系统实现[M] .2 版.杨冬青, 吴愈青, 等译. 北京: 机械工业出版社, 2010.

[2] ABRAHAM SILBERSCHATZ, HENRY KORTH, S. SUDARSHAN.Database Systems Concepts[M]. 5th ed. New York:McGraw-Hill, Inc., 2005.

[3] GRAEFE G. Volcano— An Extensible and Parallel Query Evaluation System[C]. IEEE Transactions on Knowledge and Data Engineering , 1994, 6(1):120-135.

[4] 向量化执行与编译执行浅析[Z/OL].https://www.jianshu.com/p/fe7d5e2d66e7.

[5] KEMPER A, NEUMANN T. HyPer: A hybrid OLTP&OLAP main memory database system based on virtual memory snapshots[C]. IEEE 27th International Conference on Data Engineering, 2011:195-206.

[6] THOMAS N. Efficiently compiling efficient query plans for modern hardware[C]. Proceedings of the VLDB Endowment , 2011:539-550.

[7] JULIUSZ SOMPOLSKI, MARCIN ZUKOWSKI, PETER BONCZ. Vectorization vs. compilation in query execution[C]. Proceedings of the Seventh International Workshop on Data Management on New Hardware (DaMoN '11), 2011:33-40.

第 8 章
云原生与分布式融合

单个云原生数据库实例仍然会遇到性能瓶颈，往往需要引入大规模并行处理（Massively Parallel Processing，MPP）加速查询。本章首先结合云原生技术介绍分布式数据库的基本原理，然后介绍数据库 PolarDB-X，其将云原生和分布式技术相融合，充分发挥多个节点的计算能力。

云原生数据库很好地解决了存储层面的扩展性，并让数据库具备了一写多读的能力，足以应付大部分的数据库使用场景。但是，有一些极端的场景，凭借单个云原生数据库实例仍然会遇到性能瓶颈。例如，对于许多互联网业务，其核心交易库的峰值流量可以达到百万级 TPS，这是单台物理机节点难以处理的；再者，对于 HTAP（OLTP 与 OLAP 混合）场景，有时对于一个极为复杂的查询，单机的计算速度难以满足需求，往往需要引入大规模并行处理（Massively Parallel Processing，MPP）加速查询。在这些情况下，可以引入分布式技术，充分发挥多个节点的计算能力。

8.1 分布式数据库的基本原理

分布式数据库（Distributed Database）是用计算机网络将物理上的多个数据库节点连接起来组成的逻辑上统一的数据库管理系统。相比单机数据库，分布式数据库往往具备更好的扩展性，能够通过增加节点的方式提升数据库总体的计算和存储性能，而不受单个物理节点的硬件配置限制。

8.1.1 分布式数据库架构

分布式数据库通常有两种典型的架构，分别是一体式架构和计算存储分离架构，如图 8-1 所示。

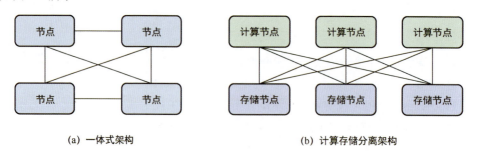

(a) 一体式架构　　　　　　　(b) 计算存储分离架构

图 8-1　分布式数据库通常有两种典型的架构

1．一体式架构

在一体式架构中，每个节点既是计算节点也是存储节点，数据被分散在多个节点上。集群中的每个节点都能对外提供服务，如果客户端访问的数据不在当前节点上，则会与其他节点通信，请求对应的数据。采用一体式架构的分布式数据库包括 Postgres-XL、OceanBase 和 CockroachDB 等。

2．计算存储分离架构

在计算存储分离架构中，计算节点负责 SQL 解析、优化等，存储节点负责存储数据。当计算节点接收到用户请求时，它根据 SQL 得到物理执行计划，并向数据所在的存储节点写入或读取数据。一些简单的算子比如过滤、聚合也可以被下推给存储节点来完成。计算存储分离架构的分布式数据库包括 PolarDB-X、TiDB、Apache Trafodion 等。很多数据库中间件产品（例如阿里云 DRDS、开源 ShardingSphere）等也可以归入这一类。

计算存储分离架构更为灵活。由于计算和存储模块的工作负载存在很大差异，所以可以用不同的编程语言开发这两个组件，在部署中也可以为它们选配不同的机型和节点数量。例如，存储节点对延迟敏感度高，而且需要频繁地调用读写磁盘的系统，所以通常选用 C/C++等系统级语言进行开发，部署时也对磁盘 I/O 性能有较高的要求。

一体式架构对于不涉及访问远程数据的本地查询有更好的性能。为了让用户的查询"恰好"命中本地数据，通常会在集群最前端的负载均衡器（Load Balancer）或代理节点（Proxy）中引入轻量的分区感知功能，尽可能让查询路由到数据所在的节点上，从而减少不必要的 RPC 开销。

8.1.2 数据分区

分布式数据库通过数据分区（Data Partition）将一张逻辑的关系表按照一定的规则水平地拆分为多个物理分区（或称为分片），这些分区可以分布在多个物理节点上，如图 8-2 所示。当访问数据时，可以根据拆分规则计算出数据所在的物理分区，从而找到相应的数据。

常见的拆分规则包括散列分区和范围分区。

1．散列分区

散列分区（Hash Partition）根据拆分键计算出散列值并对总分区数 N 取模，得出该行数据的分区。例如，假设 $N=4$，可以定义如下分区：

- HASH（partition_key）=0→分区 0
- HASH（partition_key）=1→分区 1

- HASH（partition_key）=2→分区 2
- HASH（partition_key）=3→分区 3

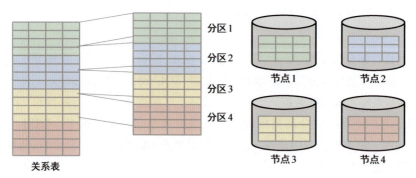

图 8-2 分布式数据库的分区方式

　　散列分区中通常使用一致性散列（Consistent Hash）[1]函数计算散列值，之所以这么做，是因为当需要添加或移除数据节点时，若使用的是普通散列函数，那么数据节点总数 N 的变化会导致大范围的数据重分布，而一致性散列能保证尽可能少的数据移动。一致性散列的原理是将数据节点散列映射到足够大的环空间，进而将数据存储于按拆分键映射到的环空间位置沿顺时针方向遇到的第一个数据节点。如图 8-3 所示，相同的颜色表示数据存储在该节点中。这种设计保证在删除或添加一个节点时，只有变动节点到前一个节点的数据需要迁移。

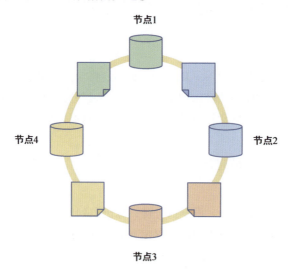

图 8-3 一致性散列的原理

2．范围分区

范围分区（Range Partition）是根据拆分键的大小，将拆分键的取值划分成多个分区。例如，假设拆分键为整数，可以定义如下分区：

- partition_key<=10000→分区 0
- 10000< partition_key<=20000→分区 1
- 20000< partition_key<=30000→分区 2
- 30000< partition_key→分区 3

无论是散列分区还是范围分区，其节点数 N 都可以动态变化，以对存储层节点进行扩容和缩容。散列分区可以借助一致性散列函数，将各个分区的部分数据迁入新分区，或反之。在范围分区中，可以对其中较大的分区进一步划分，或合并两个相邻的较小分区。

散列分区和范围分区各有优劣，如表 8-1 所示。

表 8-1　散列分区和范围分区对比

项　　目	散　列　分　区	范　围　分　区
自增分区键的处理	新增的数据会均匀分布到所有分区中	新增的数据会集中在一个分区或几个分区内，导致这些分区上出现写入点
分区键的范围查询	往往需要扫描所有分区并进行排序，性能较低	只需要扫描查询范围涉及的分区，性能较好

某些分布式数据库在设计时已经确定了分区方式，例如 YugaByte（散列分区）、TiDB（范围分区），也有一些数据库同时支持多种分区选项，用户可以根据需求选择最合适的分区方式，例如 PolarDB-X、OceanBase 等。

8.1.3　分布式事务

ACID 事务是关系数据库的一个重要特性。对于分布式数据库，由于数据分布在多个节点上，不可避免地需要引入分布式事务，以保证事务的 ACID 特性。关于 ACID 事务的定义以及事务在单机数据库中的实现原理，可以参见本书 1.3.3 节。

分布式事务有很多种实现模型，下面选取几种比较有代表性的模型进行讲解。

1．XA 协议

XA 协议是一个通用的两阶段提交（2PC）协议。XA 协议定义了两个主要角色：资源管理器（Resources Manager，RM）通常是数据库物理节点，事务管理器（Transaction Manager，TM）也称为事务协调者。XA 协议还规定了 TM-RM 之间的交互接口，比如 XA_START、XA_END、XA_COMMIT、XA_ROLLBACK 等。

目前，主流的商业数据库基本都实现了 XA 协议，比如 Oracle、MySQL 等。一些数据库中间件也依赖 XA 协议完成分布式事务。

2PC 协议的设计思想如下：分布式事务执行过程中会涉及多个节点，每个节点知道自身的执行情况，但不清楚其他节点的执行情况，2PC 协议引入协调者（即 XA 协议中的事务管理器），参与事务的节点，将操作结果通知协调者，协调者根据所有节点的反馈结果确定事务是提交还是中止。从数据一致性的角度来看，2PC 协议实现了所有副本数据的修改，要么都修改，要么都不修改，保证了数据的强一致性。

2PC 协议主要存在以下三个缺陷：

- 同步阻塞。所有参与节点都是同步阻塞的，例如参与者占有公共资源，第三方节点申请该资源时只能阻塞。
- 单点故障。由于协调者的重要性，协调者发生故障会导致所有参与者陷入阻塞。
- 数据不一致。在 2PC 协议的第二阶段，协调者发生和参与者的故障会导致数据不一致。例如，协调者给参与者发送 Commit 时，协调者发生故障，导致一部分参与者接收到 Commit，一部分没有接收到，进而导致数据不一致。

针对上述事务管理器的单点故障和 Commit 阶段的数据不一致问题，PolarDB-X 在 XA 协议实现中额外引入了事务日志表以及 Commit Point 的概念。如图 8-4 所示，在 Prepare 阶段结束时，先向全局事务日志表添加一条事务提交记录作为 Commit Point。当事务管理器出现故障时，选择新的事务管理器继续完成两阶段提交，新的事务管理器会根据主库中是否存在 Commit Point 记录选择恢复事务状态或者回滚事务。

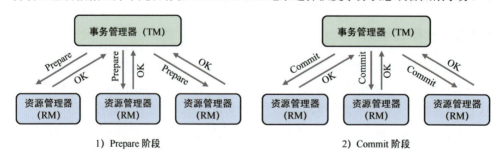

图 8-4 XA 协议流程

- 如果 COMMIT POINT 不存在，那么可以保证没有任何一个资源管理器进入 Commit 阶段，此时可以安全回滚所有资源管理器。

- 如果 COMMIT POINT 存在，那么可以保证所有资源管理器都已经完成了 Prepare 阶段，此时可以继续进行 Commit 阶段。

2．Percolator

2010 年，Google 工程师为了解决索引增量构建中的事务原子性问题，提出了 Percolator 事务模型[2]。Percolator 构建在 Bigtable（一个 Key-Value 的分布式宽列存储）的基础上，在不改变 Bigtable 内部实现的前提下，通过行级事务和多版本机制，实现了快照隔离（Snapshot Isolation，SI）级的跨行事务能力。

Percolator 引入全局时钟（Timestamp Oracle，TSO），通过 TSO 为各事务分配全局单调递增的开始时间戳和提交时间戳，并基于时间戳进行可见性判断。为了支持两阶段提交（2PC），Percolator 在原本的数据之外增加了 Lock、Write 两个列，分别用于保存锁信息和事务提交时间戳到数据时间戳的映射，通过这些信息保证事务的一致性与隔离性，全局时钟的流程如图 8-5 所示。

Key	Data	Lock	Write
Bob	5: $10		6: data @ 5
Joe	5: $2		6: data @ 5

1）初始状态

Key	Data	Lock	Write
Bob	7: $3 5: $10	7: 主记录锁	6: data @ 5
Joe	7: $9 5: $2	7: 主记录 @ Bob	6: data @ 5

2）预写入并加锁

Key	Data	Lock	Write
Bob	7: $3 5: $10		8: data @ 7 6: data @ 5
Joe	7: $9 5: $2	7: 主记录 @ Bob	6: data @ 5

3）提交主记录

Key	Data	Lock	Write
Bob	7: $3 5: $10		8: data @ 7 6: data @ 5
Joe	7: $9 5: $2		8: data @ 7 6: data @ 5

4）提交其他记录

图 8-5　全局时钟的流程

以上示例的详细流程如下：

- 初始状态。此时 Bob 和 Joe 的账户分别有 10 美元和 2 美元。Write 列标识当前最新数据版本的时间戳为 5。
- 预写入并加锁。假设要实现从 Bob 的账户转 7 美元到 Joe 的账户。该事务涉及多行数据，Percolator 会从多行中随机选择一个主记录行，并对主记录加主记录锁。本案例中 Bob 账户在时间戳为 7 处写入主记录锁，Data 列为 3（10-7）。Joe 账户在时间戳为 7 处写入加锁信息，包含对主记录锁的引用，Data 列为 9（2+7）。

- 提交主记录。在 Write 列写入时间戳为 8 的行，标识时间戳为 7 的数据为最新数据，然后从 Lock 列删除锁记录以释放锁。
- 提交其他记录。操作逻辑与提交主记录一致。

值得一提的是，Percolator 中主记录提交成功，即表示事务已成功。其他记录就算提交失败，也可以进行补救。不过需要注意，因为 Percolator 实现的是去中心化的两阶段提交，没有像 XA 协议中的事务管理器，因此只有发生读操作时才会处理这种异常。处理方式是通过异常记录的 Lock 查找主记录锁，如果主记录锁存在，则说明事务没完成，如果主记录锁已清除，则提交该记录，使其变为可见状态。

Percolator 模型对写友好，对读不友好。写事务相当于**将决议持久化写入主记录后**，再异步持久化写入其他参与者，避免多个参与者出现异常的等待。但对于读而言，这种先写主记录，再异步写其他记录的情况会导致参与者的加锁时间变长，甚至出现在提交阶段主记录的提交出问题，其他参与者也不可用的问题。

3．Omid

Omid[3]来自 Yahoo!，同样也是构建在 Key-Value 模型的 HBase 基础上，但和 Percolator 的加锁方式相比，Omid 是一种乐观的方式。其架构相对优雅简捷，近几年在 ICDE、FAST、PVLDB 上接连有多篇相关论文发表。

Omid 认为 Percolator 的基于锁的方案虽然简化了事务冲突检查，但是将事务的驱动交给客户端，在客户端出现故障的情况下，遗留的尚未清理的 Lock 会阻塞其他事务。而且，维护额外的 Lock 和 Write 列也会增加不小的开销。Omid 方案完全由中心节点来决定提交与否，大幅强化了中心节点的能力，通过事务 Write Set 在提交时进行校验（validate），检查事务相关行在事务执行期间是否被修改过，进而判断事务是否存在冲突。

4．Calvin

Calvin[4]在 2012 年被首次提出，相比于传统的数据库，Calvin 采用十分"另类"的确定性数据库（Deterministic Database）思想。Calvin 会全局地预先对事务排序，再按照这个顺序执行事务序列。可以认为存在一个全局有序的事务日志，分布式下的多个分区只要严格按照这个全局事务日志进行本地分片的执行，即可保证各个分片的结果都一致。

Calvin 的模型要求事务均为"One-Shot"事务，即通过调用存储过程（CALL），一次性执行完全部的事务逻辑；而常见的事务是交互式事务，客户端会接连执行几条语句，最后执行 COMMIT 指令提交这一模型，使得 Calvin 只能在特定领域中应用。

商业数据库 VoltDB 借鉴了 Calvin 的确定性数据库思想，这是一个定位于高吞吐、低延迟场景的内存数据库，在物联网、金融等领域有众多用户。

以上几个典型的事务模型有着各自的优缺点，如表 8-2 所示。

表 8-2 几个典型的事务模型对比

模 型	数据模型	并发控制方案	隔离性支持	限 制
XA	不限	两阶段锁（悲观）	支持所有隔离级别	加读锁将导致性能下降
Percolator	Key-Value	加锁（悲观）& MVCC	Snapshot Isolation	
Omid	Key-Value	冲突检测（乐观）& MVCC	Snapshot Isolation	
Calvin	不限	确定性数据库	Serializable	仅适用于 One-Shot 事务

8.1.4 MPP 并行查询处理

关系数据库早期受到计算机 I/O 能力的限制，计算在整个查询过程中耗时占比并不明显，执行器能做的加速优化微乎其微。但随着硬件的高速发展，分布式技术的日益成熟，执行器在大数据量的加速优化上的应用也越来越被重视。

刚开始，随着多处理器结构的硬件的出现，执行器逐渐向单机并行计算（Symmetric Multi-Processor，SMP）架构发展，充分利用多核能力加速计算。但单机并行执行器的扩展能力非常有限，在计算过程中只能充分使用一台 SMP 服务器的资源，随着要处理的数据越来越多，这种有限拓展的劣势越来越明显。

大规模并行处理（Massively Parallel Processing，MPP）指在分布式数据库集群的多个节点通过网络互相连接，彼此协同计算查询结果，MPP 原理如图 8-6 所示。与单机并行相比，MPP 能够利用多个节点的计算能力，加速复杂的分析型查询，打破单个物理节点硬件资源（例如 CPU 和内存）的限制。

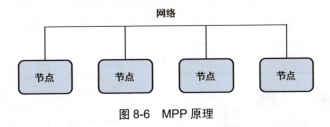

图 8-6 MPP 原理

使用 MPP 并行执行查询时，SQL 执行计划会被分布到多个节点上，每个算子存在多个实例，负责其中的部分数据。例如，连接（Join）的运算需要以连接键（Join Key）作为数据分区键，因此在执行 Join 算子之前，需要由交换（Exchange）算子对 Join 两侧的数据进行洗牌（Shuffle），之后便可以对各个分区的数据分别进行 Join 运算,MPP 并行查询过程如图 8-7 所示。

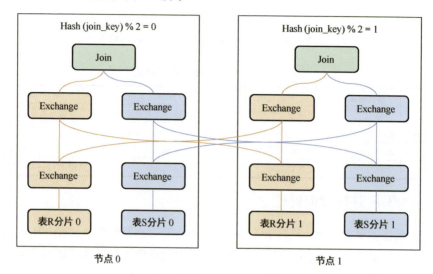

图 8-7　MPP 并行查询过程

8.2　分布式与云原生

　　计算存储分离是云原生数据库的技术特点之一,几乎所有的云原生数据库都采用了这一架构。这种设计针对云场景下的数据库进行了彻底的改造,在降低成本的同时,提供了计算节点和存储节点独立扩展能力和伸缩能力。本节重点关注云原生架构下,数据库的存储有哪些形态,各自分别有怎样的优势和局限性。

　　云原生数据库有两种常见的架构——共享存储(Shared-storage)架构和无共享(Shared-nothing)架构。如图 8-8 所示,共享存储架构为上层提供统一的数据访问接

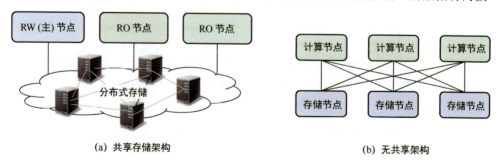

图 8-8　云原生数据库的常见架构

口,而无共享架构的计算节点需要明确访问的数据位于哪个存储分片中。

8.2.1 共享存储架构

共享存储(Shared-storage)架构以 Amazon Aurora、阿里云 PolarDB 为代表。以 Aurora for MySQL 为例,它对 MySQL 的写入路径做了改造,将原本基于本地磁盘的单机存储替换成多副本、可扩展的分布式存储,提升了可用性与扩展性,同时提高了性能。仅在现有的数据库上改造存储模块,实现了对开源数据库的完全兼容。

对于存储内部而言,共享存储通常采用多副本机制提升高可用特性,Quorom、Paxos 等副本一致性协议在各个云原生数据库系统中也都有应用。而对于上层计算节点来说,共享存储为多个实例提供了统一的数据访问接口,计算实例不需要关心数据在存储中的实际分布情况,也不需要关心数据分布的负载均衡问题。

在共享存储架构下,云厂商可以将磁盘资源池化,让多个用户共享一个分布式存储集群,按实际使用的容量付费(pay-as-you-go)。以 Aurora for MySQL 为例,存储费用为每月每 GB0.1 美元,用户无须在创建实例时预先规划容量,而是为实际使用的容量付费。

如图 8-8(a)所示,用主节点(Read-Write,RW)和只读节点(Read-Only,RO)将计算节点区分开,这是因为:尽管存储方面进行了分布式改造,但是计算层(包括事务管理、查询处理等模块)还保留着单机数据库的结构,并发事务处理能力(写入吞吐量)受到单个节点的性能上限制约。共享存储架构为计算和存储两层分别弹性伸缩带来了可能,但是受限于单机写入性能的上限,该架构下的计算实例并不能算真正意义上的扩展,因为系统只能添加只读节点来分担读压力,共享存储架构存在明显的性能瓶颈。尽管共享存储的垂直扩展能力受到业界的青睐,但是在工程实现中,整个集群的存储上限通常在几十 TB 至几百 TB。

8.2.2 无共享存储架构

随着近几年 NewSQL[5]数据库的兴起,无共享(Shared-nothing)架构逐渐走入了大众视野。所谓"无共享",指每个节点都是独立的进程,彼此不共享资源,而是通过网络 RPC 的方式实现通信和数据交换。本章节描述的分布式数据库主要代指无共享架构的分布式数据库。

分布式云数据库的一个典型案例是 Google 推出的 Spanner,其分布式存储架构在水平扩展(Scale-out)和高可用性上都无可挑剔。相比共享存储方案而言,或许在计算层的扩展性上，该方案更具吸引力。无共享存储架构的每个节点都是独立的进程，不存在任何共享资源。在这样的架构中，无论计算层还是存储层都很容易水平扩展，只需添加更多的节点即可。对于无状态的计算层，依靠容器技术，不难做到秒级启动新节点。

无共享存储架构将数据进行分片处理，提供了计算水平扩展的能力。但是其存储层相比共享存储，有两个主要的劣势：

一是成本偏高。除了复制数据带来的迁移开销，存储成本是另一个值得考虑的问题。云主机下挂的高效云盘默认已经做了三副本高可用，和传统数据库三副本技术叠加虚拟化之后，会出现 3×3=9 份存储副本，造成了不必要的空间浪费。而共享存储的设计理念将三副本的技术下沉到存储层，显然比无共享存储架构更加经济可行。

二是存储层弹性不足，存储层的水平扩展略显麻烦，新节点需要从原来的节点中复制数据，等数据达到同步后再对外提供服务，这一过程除了比较耗时，也会占用现有节点的 I/O 带宽，工程中需要预先规划好容量，伸缩性不如无共享存储架构。而且伸缩只能以节点为单位，难以做到按实际使用容量付费。

8.3 云原生分布式数据库 PolarDB-X

PolarDB-X 是阿里巴巴自主研发的云原生分布式数据库。PolarDB-X 属于存储计算分离架构，根据存储层的部署方式不同，分为本地存储版和共享存储版。在本地存储版中，存储节点是独立部署的进程，数据保存在本地磁盘上，并通过 Paxos 算法保证高可用性；共享存储版则将存储进一步替换为分布式存储。本小节主要介绍 PolarDB-X 共享存储版。

8.3.1 架构设计

PolarDB-X 希望将共享存储和无共享存储两种架构的优势相融合。一方面，像无共享存储架构一样具有接近无限的计算和存储扩展性，不受单个读写节点的限制；另一方面，利用容器技术以及共享存储的优势，做到秒级扩容缩容，用户只需为实际使用容量付费。

PolarDB-X 复用了 PolarDB 的分布式存储技术。为了不受单个 RW 节点的限制，PolarDB-X 引入多租户技术，将一个逻辑数据库以表为单位划分给不同"租户"（RW 节点），除了所有者，其他 RW 节点不能写入。结合 PolarDB-X，可以将物理分区表划分给不同的 RW 节点，因此具备写入能力的扩展性。

PolarDB-X 整个架构的核心分为计算节点、存储节点和全局元数据服务三部分，如图 8-9 所示。

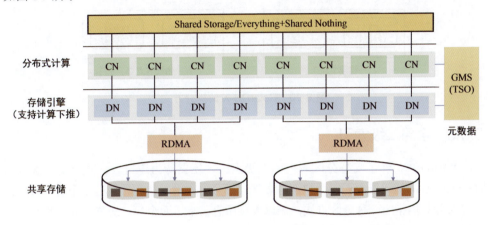

图 8-9　PolarDB-X 架构

计算节点（Compute Node，CN）主要提供分布式 SQL 引擎，用于分布式事务协调、优化器和执行器等。

存储节点（Data Node，DN）主要提供数据存储引擎，比如 InnoDB 和自研存储引擎，保证数据一致性和持久化，并提供计算下推能力，满足分布式要求，比如 Project、Filter、Join、Agg 等下推计算，可支持本地盘和共享存储。

全局元数据服务（Global Meta Service，GMS）主要提供分布式下元数据和全局授时服务，比如 TSO（Timestamp Oracle）、表的元数据信息等。另外，其可以根据负载情况，调整数据分布，使各节点之间达到均衡状态。GMS 还可以管理 CN 和 DN，对这些节点进行上线或下线等操作。

8.3.2　拆分方式

PolarDB-X 同时支持散列分片和范围分片，并允许用户定义表组（Table Group），表组内的表具有相同的拆分键和拆分方式，从而允许表组内的表的 Join 计算直接下推到存储节点进行，如图 8-10 所示。例如，某在线商城业务可将用户表和订单表加入同一表组，均以用户 ID 作为散列拆分键，当查询"某个用户的所有订单"时，该分布式事务中需要进行 Join 计算的数据都在同一个物理节点上，因此该查询能够被下推到存储节点上，将其视为单机事务，以获得更高的性能。

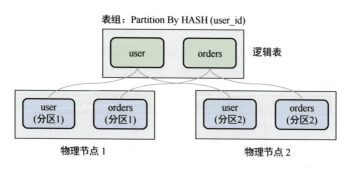

图 8-10　PolarDB-X 的拆分方式

8.3.3　全局二级索引

PolarDB-X 除了支持分区表内的二级索引，还支持为逻辑表创建全局二级索引（Global Secondary Index）。用户在建表选择拆分方式时，往往希望有多个拆分维度，但是实际只能指定一种分区方式，难以兼顾所有需求。而全局二级索引允许用户以一种额外的拆分维度创建二级索引。

举个例子，用户表往往以用户 ID 作为主键和分区键。但是当用户以手机号登录时，需要以手机号为过滤条件字段进行查询。若没有全局二级索引，那么由于以手机号作为索引键值对应的索引数据在所有分区中都可能存在，会导致数据库需要遍历所有分区表，用每个分区表的本地索引查找对应的用户，执行代价较高。在 PolarDB-X 中，可以为手机号字段创建全局二级索引，这时数据库无须遍历就可以一次性地找到对应的用户信息，如图 8-11 所示。

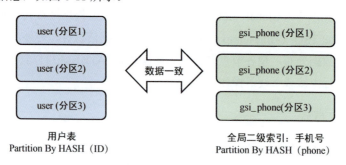

图 8-11　PolarDB-X 的全局二级索引

当然，全局二级索引也面临一些问题，主要是架构复杂、实现难度大及由此引发的一些相关问题，例如当索引数据和主表数据位于不同机器上时，由此带来的数据一致性和性能方面的挑战。但考虑到全局二级索引给用户带来的巨大便利，付出这些代价是值得的。

8.3.4 分布式事务

对于涉及多个分区的事务，不同的分区表可能落在不同的 RW 节点上，因此需要通过分布式事务保证事务的 ACID 特性。PolarDB-X 支持基于 TSO 的全局多版本并发控制（Multiversion Concurrency Control，MVCC）事务。

MVCC 事务的实现需要一个全局时钟给事务定序。而全局时钟需要一个生成全局单调递增时间戳（Timestamp）的策略，常见的策略有 TrueTime、HLC 和 TSO。其中，PolarDB-X 使用的 TSO 策略指维护一个全局的授时服务器生成严格单调递增的时间戳，因为所有的时间戳都来自同一个全局授时器，所以可以保证所有时间戳存在严格的先后顺序。

时间戳格式采用物理时钟+逻辑时钟方式，物理时钟精确到毫秒，如表 8-3 所示。

表 8-3 时间戳格式

物理时钟	逻辑时钟	保留位
42 位	16 位	6 位

当事务开启时，计算节点（CN）从 TSO 服务器获取一个事务开始时间戳（start_ts），又称为快照时间戳（snapshot_ts）。该时间戳被用在该事务内的所有读请求中，存储节点（DN）根据快照时间戳找到相应的数据记录版本，保证事务内总能读到一致的视图。

当事务提交时，CN 作为协调者向 DN 发起两阶段提交。在 Prepare 阶段后、Commit 阶段前，CN 从 TSO 获取事务提交时间戳（commit_ts），这条时间戳将被作为所有事务内写入的数据记录的版本。这个过程中无论 CN 或 DN 发生故障，都能恢复到一个原子性的状态。

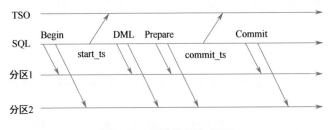

图 8-12 两阶段提交 2PC

8.3.5 HTAP

HTAP 最早的概念是 Gartner 在 2014 年的一份报告中使用混合事务分析处理

（Hybrid Transactional and Analytical Processing，HTAP）一词描述新型的应用程序框架，以打破 OLTP 和 OLAP 之间的隔阂，它既可以应用于事务型数据库场景，也可以应用于分析型数据库场景。这种架构的优势是显而易见的：不但可以避免烦琐的 ETL 操作，而且可以更快地对最新数据进行分析。

在 HTAP 混合负载处理方面，PolarDB-X 提供智能路由的功能。通过 PolarDB-X 可以统一处理 HTAP 负载，保证 TP 事务低延迟，同时保证 AP 分析查询充分利用计算资源，且保证数据的强一致。PolarDB-X 的优化器会基于代价分析出查询的 CPU、内存、I/O 和网络等核心资源消耗量，将请求区分为 OLTP 和 OLAP 请求。

对于 OLTP 请求，PolarBD-X 将其路由至主副本执行，相比于传统的读写分离方案能够提供更低的延迟。

PolarDB-X 的计算节点支持 MPP 并行计算，对于较为复杂的分析型 SQL 查询，查询优化器自动识别为 OLAP 请求，并为其使用 MPP 并行执行方式，即多机分布式的执行计划。

为了更好地隔离资源，防止分析型查询影响 OLTP 流量，PolarDB-X 还允许用户创建独立的只读集群，只读集群中计算节点和存储节点均部署在与主集群不同的物理主机上。通过智能路由，用户可以非常透明地使用 PolarDB-X 同时处理 OLTP 及 OLAP 的诉求。

参 考 文 献

[1] KARGER D, LEHMAN E, LEIGHTON T, et al. Consistent hashing and random trees: Distributed caching protocols for relieving hot spots on the world wide web[C]//Proceedings of the twenty-ninth annual ACM symposium on Theory of computing. 1997: 654-663.

[2] PENG D, DABEK F. Large-scale incremental processing using distributed transactions and notifications[J]. 2010.

[3] BORTNIKOV E, HILLEL E, KEIDAR I, et al. Omid, reloaded: Scalable and highly-available transaction processing[C]//15th USENIX Conference on File and Storage Technologies (FAST 17). 2017: 167-180.

[4] THOMSON A, DIAMOND T, WENG S C, et al. Calvin: fast distributed transactions for partitioned database systems[C]//Proceedings of the 2012 ACM SIGMOD International Conference on Management of Data. 2012: 1-12.

[5] PAVLO A, ASLETT M. What's really new with NewSQL?[J]. ACM Sigmod Record, 2016, 45(2): 45-55.

第 9 章
云原生数据库 PolarDB 应用实践

> PolarDB 是阿里云自主研发的新一代关系型云原生数据库,具有三个独立的引擎,分别 100%兼容 MySQL、100%兼容 PostgreSQL、高度兼容 Oracle 语法。本章以 PolarDB 为例,主要介绍如何创建云上实例,云上数据库的接入及其基本操作,以及如何进行云上数据的迁移。

9.1 创建云上实例

自建数据库涉及购买服务器、安装和部署数据库软件等，需要投入大量的人力和物力。对于云数据库，只需设置若干参数，提交后即可在数分钟内完成数据库实例的创建。

1．相关概念

- 实例：实例是虚拟化的数据库服务器。用户可以在一个实例中创建和管理多个数据库。
- 系列：当创建 PolarDB 实例时，可按需选择适合业务的系列（例如集群版或单节点版）。
- 集群：PolarDB 主要采用集群版的架构，集群中有一个主节点和多个只读节点。
- 规格：每个节点的资源配置，例如 2 核 8GB。
- 地域：地域指物理的数据中心。在一般情况下，PolarDB 实例应该和 ECS[①]实例位于同一地域，以实现最高的访问性能。
- 可用区：可用区指在某个地域内拥有独立电力和网络的物理区域。同一地域的不同可用区之间没有实质性区别。
- 数据库引擎：PolarDB 有三个独立的引擎，分别 100%兼容 MySQL、100%兼容 PostgreSQL、高度兼容 Oracle 语法。

2．前提条件

注册阿里云账号或获取由主账号管理员分配的子账号。登录 PolarDB 控制台，进入 PolarDB 购买页面。

3．选择付费方式

- 包年包月：在创建集群时，支付计算节点的费用，而存储空间会根据实际数据量按小时计费，并从账户中按小时扣除。

---

① ECS 是阿里云提供的云服务器，ECS 搭配云数据库是典型的业务访问架构。

- 按量付费：无须预先支付费用，计算节点和存储空间（根据实际数据量）均按小时计费，并从账户中按小时扣除。

4．选择地域和可用区

集群所在的地理位置。购买后无法更换地域。

说明：请确保 PolarDB 与需要连接的 ECS 创建于同一个地域，否则它们无法通过内网互通，只能通过外网互通，无法发挥最佳性能。

5．选择创建方式

按需选择一种创建方式：创建一个全新的 PolarDB 实例；如果已有 RDS MySQL，那么可以从 RDS MySQL 一键升级到 PolarDB MySQL；如果回收站里有已删除集群的备份，那么可以通过恢复该备份来创建新集群。

6．选择网络类型

固定为 VPC 专有网络，无须选择。

说明：请确保 PolarDB 与需要连接的 ECS 创建于同一个 VPC，否则它们无法通过内网互通。

7．选择系列

- 集群版：集群版是推荐的主流系列，免费提供快速备份数据、恢复数据和全球数据库部署功能，同时支持快速弹性升降级、并行查询加速等企业级功能，推荐在生产环境中使用。
- 单节点版：单节点版是个人用户测试、学习的最佳选择，也可作为初创企业的入门级产品。
- 历史库版：历史库版定位为归档数据库，具有较高的数据压缩率，非常适合对计算诉求不高但需要存储一些归档类数据的业务。

8．选择计算节点规格

按需选择计算节点的规格，所有节点均为独享型，性能稳定可靠。每种规格都有相应的 CPU 和内存、最大存储容量、最大连接数、内网带宽和最大 IOPS 等。

9．关于存储空间

PolarDB 采用计算与存储分离的架构，而且存储容量随数据量的增减而自动弹性伸缩，因此创建集群时无须选择存储容量。

注意：系统会根据实际数据使用量按小时计费。最大存储容量取决于选择的计算节点规格。

10．完成创建

支付成功后，需要 10～15min 创建集群，之后可以在集群列表中看到新创建的集群。

注意：请确认已选中正确的地域，否则无法看到创建的集群。

9.2 数据库接入

9.2.1 相关账号的创建

高权限账号与普通账号的相关说明如表 9-1 所示。

表 9-1 高权限账号与普通账号的说明

账号类型	说 明
高权限账号	• 只能通过控制创建和管理 • 一个集群只能有一个高权限账号，可以管理所有普通账号和数据库 • 开放了更多权限，可满足个性化和精细化的权限管理需求，例如可为不同用户分配不同表的查询权限 • 拥有集群中所有数据库的所有权限 • 可以断开任意账号的连接
普通账号	• 可以通过控制台或者 SQL 语句创建和管理 • 一个集群可以创建多个普通账号，具体的数量与数据库内核有关 • 需要手动给普通账号授予特定数据库的权限 • 普通账号不能创建和管理其他账号，也不能断开其他账号的连接

登录 PolarDB 控制台。在控制台左上角，选择集群所在地域。找到目标集群，单击"集群 ID"按钮。在左侧导航栏中，进入"账号管理"页面。单击"创建账号"按钮，选择要创建的账号类型，并填写账号的密码。

注意：如果已经创建过高权限账号，则无法再选择高权限账号，因为每个集群只能有一个高权限账号。对于高权限账号，无须选择授权的数据库，因为高权限账号拥有集群中所有数据库的所有权限。对于普通账号，需要选择授权的数据库。

9.2.2 图形化访问

DMS 是阿里云提供的图形化的数据管理工具，可用于管理关系数据库和 NoSQL 数据库，支持数据管理、结构管理、用户授权、安全审计、数据趋势、数据追踪、BI

图表、性能与优化等功能。

图形化访问分为以下步骤：找到目标集群，单击"集群 ID"按钮，进入基本信息页面。单击页面右上角的"登录数据库"按钮。在"登录数据库"对话框中，输入数据库的账号和密码。

注意：对于 PolarDB PostgreSQL 和兼容 Oracle 版本，还需填写要登录的数据库。在 PolarDB 集群的数据库管理页面可以创建数据库。如果是第一次通过 DMS 访问该实例，那么系统会弹出设置白名单的对话框，确认添加即可。

9.2.3 连接方式访问

1. 设置白名单

创建 PolarDB 数据库集群后，需要设置集群的 IP 地址白名单，并创建集群的初始账号，才能连接和使用该集群。

（1）白名单的两种形式

1）IP 地址白名单。在 IP 地址白名单中添加 IP 地址，允许这些 IP 地址访问该集群。默认的 IP 地址白名单只包含默认 IP 地址 127.0.0.1，表示任何设备均无法访问该集群。只有已添加到 IP 地址白名单中的 IP 地址才可以访问该集群。

2）ECS 安全组。ECS 安全组是一种虚拟防火墙，用于控制安全组中的 ECS 实例的出入流量。在 PolarDB 集群白名单中添加 ECS 安全组后，该安全组中的 ECS 实例可以访问 PolarDB 集群。

注意：可以同时设置 IP 地址白名单和 ECS 安全组。IP 地址白名单中的 IP 地址和安全组中的 ECS 实例都可以访问该 PolarDB 集群。

（2）设置 IP 地址白名单

登录 PolarDB 控制台。在控制台左上角，选择集群所在地域。找到目标集群，单击"集群 ID"按钮。在左侧导航栏，进入白名单设置页面。在白名单设置页面，新增 IP 地址白名单分组，或者打开已有的分组。

注意：ali_dms_group（DMS 产品 IP 地址白名单分组）、hdm_security_ips（DAS 产品 IP 地址白名单分组）、dtspolardb（DTS 产品 IP 地址白名单分组）等分组为使用相关产品时系统自动生成。请勿修改或删除分组，避免影响相关产品的使用。

在白名单分组里，添加需要访问 PolarDB 的设备的 IP 地址。如果 ECS 实例需要访问 PolarDB，那么可在 ECS 实例详情页面的配置信息区域，查看 ECS 实例的 IP 地址,然后填写到白名单中。

说明:如果 ECS 与 PolarDB 位于同一地域(例如,华东 1),则填写 ECS 的私网 IP 地址;如果 ECS 与 PolarDB 位于不同的地域,则填写 ECS 的公网 IP 地址,或者将 ECS 迁移到 PolarDB 所在地域后填写 ECS 私网 IP 地址。

如果本地的服务器、电脑或其他云服务器需要访问 PolarDB,那么请将其 IP 地址添加到白名单中。

(3)设置安全组

登录 PolarDB 控制台。在控制台左上角,选择集群所在地域。找到目标集群,单击"集群 ID"按钮。在左侧导航栏,进入白名单设置页面。打开"选择安全组"对话框,选中目标安全组,单击"确定"按钮即可。

2.获取连接地址

PolarDB 集群的连接地址包括集群地址和主地址。

(1)集群地址和主地址

集群地址与主地址的关系如图 9-1 所示,集群地址与主地址的说明如表 9-2 所示。

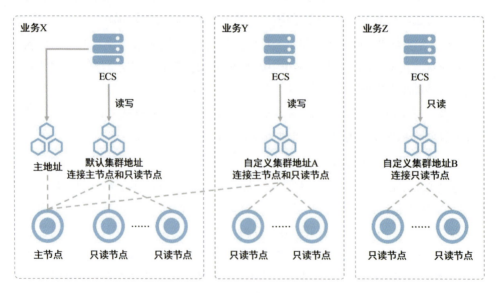

图 9-1 集群地址与主地址的关系

表 9-2 集群地址与主地址的说明

地 址 类 型	地 址 说 明	支持的网络类型
集群地址（推荐）	• 应用程序只需连接一个集群地址，即可连接到多个节点 • 带有读写分离功能，写请求会自动发往主节点，读请求会自动根据各节点的负载发往主节点或只读节点 说明：PolarDB 包含一个默认的集群地址，支持根据业务需求创建多个自定义的集群地址，自定义集群地址可以连接到指定的节点，以及设置读写模式等	• 私网 • 公网
主地址	• 总是连接到主节点，支持读和写操作 • 当主节点发生故障时，主访问地址会自动切换到新的主节点	

（2）公网和私网地址

集群地址和主地址都有公网和私网两种形式，其中私网也称为内网。

1）选择私网地址。如果应用或客户端部署在 ECS 实例上，且该 ECS 实例与 PolarDB 实例在同一地域，且网络类型相同，则 PolarDB 实例与 ECS 实例可以通过内网互通，无须申请公网地址。通过私网的连接地址访问可以发挥 PolarDB 的最佳性能。

2）选择公网地址。当无法通过内网访问 PolarDB 实例时上，需要申请公网地址。具体场景如下：ECS 实例访问 PolarDB 实例，且 ECS 实例与 PolarDB 实例位于不同地域，或者网络类型不同；阿里云以外的设备访问 PolarDB 实例。使用公网地址会降低实例的安全性，需谨慎使用。

3．连接数据库

用户可以通过应用程序、客户端或命令行连接数据库。表 9-3 列出了需要填写的信息。

表 9-3 需要填写的信息

参 数	说 明
主机名称/地址	输入 PolarDB 集群的连接地址。查看 PolarDB 集群的地址及端口信息的步骤如下： 1. 登录 PolarDB 控制台 2. 在控制台左上角，选择集群所在地域 3. 单击目标"集群 ID"按钮 4. 在基本信息页面，查看 PolarDB 连接地址

续表

参　数	说　明
端口	在查看连接地址的地方，可以查看到对应的端口号。以下是默认端口号： • PolarDB MySQL：默认为 3306 • PolarDB PostgreSQL，默认为 1921 • PolarDB 兼容 Oracle 版，默认为 1521
数据库	在数据库管理页面可以查看或创建数据库 仅 PolarDB PostgreSQL 和兼容 Oracle 版需要填写
用户名	在账号管理页面可以查看或创建数据库账号
密码	上述账号对应的密码

9.3 基本操作

9.3.1 数据库与表创建

1. 创建数据库

在一个 PolarDB 集群中可以创建一个或多个数据库。具体操作步骤为：登录 PolarDB 控制台。在控制台左上角，选择集群所在地域。单击目标"集群 ID"按钮。在左侧导航栏中，进入数据库管理页面。单击"创建数据库"按钮，设置数据库参数。

PolarDB MySQL 的参数说明如表 9-4 所示。

表 9-4　PolarDB MySQL 参数说明

参　数	说　明
数据库（DB）名称	• 以字母开头，以字母或数字结尾 • 由小写字母、数字、下画线或中画线组成 • 长度为 2~64 个字符 • 数据库名称在实例内必须是唯一的
支持字符集	选择 utf8mb4、UTF8、GBK 或 Latin1 如果需要其他字符集，请在右侧下拉菜单中选择需要的字符集
授权账号	选中需要授权访问本数据库的账号。本参数可以留空，在创建数据库后再绑定账号 说明：此处只会显示普通账号，因为高权限账号拥有所有数据库的所有权限，不需要授权
账号权限	选择要授予账号的权限：读写、只读或仅 DML
备注说明	用于备注该数据库的相关信息，便于后续数据库管理。要求如下： • 不能以 http:// 或 https:// 开头 • 必须以大小写字母或中文开头 • 可以包含大小写字母、中文、数字、下画线 "_" 或连字符 "-" • 长度为 2~256 个字符

PolarDB PostgreSQL 或兼容 Oracle 版的参数说明如表 9-5 所示。

表 9-5　PolarDB PostgreSQL 或兼容 Oracle 版的参数说明

参　　数	说　　明
数据库（DB）名称	• 以字母开头，以字母或数字结尾 • 由小写字母、数字、下画线或中画线组成 • 长度为 2～64 个字符 • 数据库名称在实例内必须是唯一的
数据库 Owner	数据库的所有者，对数据库拥有 ALL 权限
支持字符集	数据库支持的字符集，默认为 UTF8。如果需要其他字符集，那么请在下拉列表中选择
Collate	字符串排序规则
Ctype	字符分类
备注说明	用于备注该数据库的相关信息，便于后续数据库管理。要求如下： • 不能以 http:// 或 https:// 开头 • 必须以大小写字母或中文开头 • 可以包含大小写字母、中文、数字、下画线 "_" 或连字符 "-" • 长度为 2～256 个字符

2．创建表

下面介绍如何通过 DMS 的 SQLConsole 创建表。登录 PolarDB 控制台。在控制台左上角，选择集群所在地域。单击目标"集群 ID"按钮。在左侧导航栏中，进入数据库管理页面。找到目标数据库，单击"SQL 查询"按钮。

注意：如果弹出"登录数据库"对话框，则输入数据库的账号和密码。对于 PolarDB PostgreSQL 和兼容 Oracle 版本，还需填写要登录的数据库。在 PolarDB 集群的数据库管理页可以创建数据库。

在 SQLConsole 页面，输入创建表的命令并单击"执行"按钮。例如，执行以下命令创建 big_table 表。

```
CREATE TABLE `big_table` (
`id` bigint(20) unsigned NOT NULL AUTO_INCREMENT COMMENT '主键',
`name` varchar(64) NOT NULL COMMENT '名称',
`long_text_a` varchar(1024) DEFAULT NULL COMMENT 'A文本',
`long_text_b` varchar(1024) DEFAULT NULL COMMENT 'B文本',
PRIMARY KEY (`id`)
) ENGINE=InnoDB DEFAULT CHARSET=utf8 COMMENT='大表变更';
```

9.3.2　创建测试数据

本例通过测试数据构建功能批量生成 big_table 表的 100 万条测试数据。

登录 DMS 控制台。在 DMS 对象列表中展开目标 PolarDB 实例，双击目标数据库，即可进入 SQLConsole 页。在 SQLConsole 窗口中，右击 big_table 表，在弹出的列表中选择"数据方案"/"测试数据构建"。填写相关参数并提交，提交界面如图 9-2 所示，等待审批完成。

图 9-2　提交界面

待审批通过后，系统会自动生成 SQL 语句并执行，可以在工单详情页中查看执行进度。系统执行完毕后，可以到该数据库中执行以下命令查看数据生成情况。

```
SELECT COUNT(*) FROM '表名'
```

9.3.3　账号与权限管理

1. 创建数据库账号

高权限账号与普通账号的相关说明如表 9-6 所示。

表 9-6　高权限账号与普通账号的说明

账 号 类 型	说　　明
高权限账号	• 只能通过控制台创建和管理 • 一个集群只能有一个高权限账号，可以管理所有普通账号和数据库 • 开放了更多权限，可满足个性化和精细化的权限管理需求，例如可为不同用户分配不同表的查询权限 • 拥有集群中所有数据库的所有权限 • 可以断开任意账号的连接

续表

账 号 类 型	说　明
普通账号	• 可以通过控制台或者 SQL 语句创建和管理 • 一个集群可以创建多个普通账号，具体的数量与数据库内核有关 • 需要手动给普通账号授予特定数据库的权限 • 普通账号不能创建和管理其他账号，也不能断开其他账号的连接

登录 PolarDB 控制台。在控制台左上角，选择集群所在地域。找到目标集群，单击"集群 ID"按钮。在左侧导航栏中，进入账号管理页面。单击"创建账号"按钮，选择要创建的账号类型，并填写账号的密码。

2．管理账号权限

（1）通过控制台修改账号权限

登录 PolarDB 控制台。在控制台左上角，选择集群所在地域。找到目标集群，单击"集群 ID"按钮。在左侧导航栏中，进入账号管理页面。找到目标账号，修改普通账号的权限。

（2）通过命令行修改账号权限

可以通过命令行以更细的颗粒度修改账号权限。使用高权限账号登录数据库。执行命令进行授权。相关参数的说明如表 9-7 所示。

```
GRANT privileges ON databasename.tablename TO 'username'@'host' WITH
GRANT OPTION;
```

表 9-7　相关参数的说明

参　　数	说　明
privileges	授予该账号的操作权限，如 SELECT、INSERT、UPDATE 等，如果要授予该账号所有权限，则使用 ALL
databasename	数据库名。如果要授予该账号具备所有数据库的操作权限，则使用星号（*）
tablename	表名。如果要授予该账号具备所有表的操作权限，则使用星号（*）
username	待授权的账号
host	允许该账号登录的主机，如果允许该账号从任意主机登录，则使用百分号（%）
WITH GRANT OPTION	授予该账号使用 GRANT 命令的权限，该参数为可选

9.3.4　数据查询

1．设置集群地址

PolarDB 集群版包含一个主节点和至少一个只读节点。用户可以通过主地址或集群地址连接至 PolarDB 进行数据的增、删、改、查。其中，主地址始终连接至主节点，集群地址则连接至其关联的所有节点。以下主要介绍如何设置集群地址：

登录 PolarDB 控制台，进入目标集群的基本信息页，找到某个集群地址，打开集群地址的编辑对话框。

（1）自动读写分离

打开集群地址的"编辑"对话框。将读写模式设置为"可读可写"。选择要添加至该地址的节点，用于处理读请求。

注意：读写模式为可读可写（自动读写分离）时，不论是否选中主节点，写请求都只会发往主节点。

必要时，可以设置主节点不接收读请求，即读请求仅发往只读节点，以此降低主节点负载，确保主节点稳定。

在传统的情况下，用户需要在应用程序中配置主节点和每个只读节点的连接地址，并且对业务逻辑进行拆分，才能实现读写分离（写请求发往主节点，读请求发往各个节点）。对于 PolarDB，只需连接一个集群地址，写请求会自动发往主节点，读请求则会自动根据各节点的负载（当前未完成的请求数）发往主节点或只读节点。

（2）一致性级别

打开集群地址的编辑对话框。设置一致性级别。

PolarDB 采用异步物理复制的方式实现主节点和只读节点间的数据同步。主节点的数据更新后，相关的更新会应用到只读节点，具体的延迟与写入压力有关（一般在毫秒级别）。由于只读节点的数据并不是最新的而是有延迟的，因此可能出现查询到的不是最新数据的情况。

为了满足不同场景下对一致性级别的要求，PolarDB 提供了三种一致性级别：最终一致性、会话一致性和全局一致性。最终一致性指主从复制延迟可能导致从不同节点查询到的数据不一致。若需减轻主节点压力，则让尽量多的读请求路由到只读节点，可以选择最终一致性。

会话一致性保证了同一个会话内，一定能够查询到读请求执行前已更新的数据。全局一致性指在使用连接池的场景下，同一个线程的请求有可能通过不同连接发送出去。对数据库来说，这些请求属于不同的会话，但是在业务逻辑上，这些请求有前后依赖关系，此时会话一致性无法保证查询结果的一致性，需要通过全局一致性来解决该问题。

PolarDB 的一致性级别越高，对主库的压力越大，集群性能也越低。

说明：推荐使用会话一致性，该级别对性能影响很小而且能满足绝大多数应用场景的需求。若对不同会话间的一致性需求较高，可以选择全局一致性，或者使用 Hint 将特定查询强制发往主节点（例如/*FORCE_MASTER*/ select * from user;）。

（3）事务拆分

打开集群地址的编辑对话框。开启事务拆分。

使用可读可写模式集群地址时，为保证一个会话中事务读写一致性，所有在事务内的请求都会被发往主节点，可能导致主节点压力大，而只读节点压力小。开启事务拆分后，可以在保证读写一致性的前提下，将事务内的部分读请求发往只读节点，减轻主节点的压力。仅支持 Read Committed 事务隔离级别的事务拆分。

2．使用 Hint 语法

在 SQL 语句前加上/*FORCE_MASTER*/或/*FORCE_SLAVE*/强制指定 SQL 的路由方向。例如 select * from test 默认会路由到只读节点，改为/*FORCE_MASTER*/, select * from test 就会路由到主节点。

在 SQL 语句前加上/*force_node='<节点 ID>'*/强制指定在某节点执行某查询命令。

例如/*force_node='pi-bpxxxxxxxx'*/ show processlist，该 show processlist 命令只在 pi-bpxxxxxxxx 节点执行。如果该节点发生故障，则返回报错 force hint server node is not found，please check。

在 SQL 语句前加上/*force_proxy_internal*/set force_node = '<节点 ID>'强制指定在某节点执行所有查询命令。

例如/*force_proxy_internal*/set force_node = 'pi-bpxxxxxxxx'，执行该命令后，后续所有查询命令只发往 pi-bpxxxxxxxx 节点，如果该节点发生故障，则返回报错 set force node 'rr-bpxxxxx' is not found，please check。

说明：若通过 MySQL 官方命令行执行上述 Hint 语句，那么请加上-c 参数，否则该 Hint 会被 MySQL 官方命令行过滤导致 Hint 失效。Hint 的路由优先级最高，不受一致性级别和事务拆分的约束。Hint 语句里不能有改变环境变量的语句，例如/*FORCE_SLAVE*/ set names utf8;等，此类语句可能导致后续的业务出错。通常不建议使用/*force_proxy_internal*/语法，会导致后续所有查询请求都发往该节点，读写分离失效。

3．更多功能

PolarDB 推出并行查询框架，当查询数据量到达一定阈值时，就会自动启动并行查询框架，从而使查询耗时指数级下降。关于如何使用并行查询功能，请查看本书的并行查询章节。

9.4 云上数据迁移

9.4.1 云上数据的迁入

下面以 MySQL 为例,介绍如何将自建 MySQL 迁移至云数据库 PolarDB MySQL。数据传输服务 DTS(Data Transmission Service)是阿里云提供的实时数据流服务,支持 RDBMS、NoSQL、OLAP 等数据源,集数据迁移、订阅、同步于一体,提供稳定安全的传输链路。

1. 准备工作

已有自建 MySQL 数据库(5.1、5.5、5.6、5.7 或 8.0 版本)。已创建目标 PolarDB MySQL 集群。如果 MySQL 数据库部署在本地,那么需要将 DTS 服务器的 IP 地址设置为该数据库远程连接的白名单,允许其访问数据库。详情请参见迁移、同步或订阅本地数据库时需添加的 IP 地址白名单。为自建 MySQL 创建账号并设置 Binlog。

表 9-8 为数据库账号要满足的权限要求。

表 9-8 数据库账号要满足的权限要求

数据库	结构/全量迁移	增量迁移
自建 MySQL 数据库	SELECT 权限	REPLICATION CLIENT、REPLICATION SLAVE、SHOW VIEW 和 SELECT 权限
PolarDB 集群	读写权限	读写权限

DTS 在执行全量数据迁移时,将占用源库和目标库一定的读写资源,可能导致数据库的负载上升。在数据库性能较差、规格较低或业务量较大的情况下(例如源库有大量慢 SQL、存在无主键表或目标库存在死锁等),可能加重数据库压力,甚至导致数据库服务不可用。因此需要在执行数据迁移前评估源库和目标库的性能,同时建议在业务低峰期执行数据迁移(例如源库和目标库的 CPU 负载在 30%以下)。

如果源数据库没有主键或唯一约束,且所有字段没有唯一性,那么可能导致目标数据库中出现重复数据。

对于数据类型为 FLOAT 或 DOUBLE 的列,DTS 会通过 ROUND(COLUMN, PRECISION)读取该列的值。如果没有明确定义其精度,则 DTS 对 FLOAT 的迁移精度为 38 位,对 DOUBLE 的迁移精度为 308 位,请确认迁移精度是否符合业务预期。

第 9 章　云原生数据库 PolarDB 应用实践

对于迁移失败的任务，DTS 会触发自动恢复。在将业务切换至目标集群前，请务必先结束或释放该任务，避免该任务被自动恢复后，源端数据覆盖目标集群的数据。

PolarDB 支持结构迁移、全量数据迁移和增量数据迁移。同时使用这三种迁移类型可实现在应用不停止服务的情况下，平滑地完成数据库迁移。

2．费用说明

费用说明如表 9-9 所示。

表 9-9　费用说明

迁 移 类 型	链路配置费用	公网流量费用
结构迁移和全量数据迁移	不收费	通过公网将数据迁移出阿里云时将收费，详情请参见产品定价
增量数据迁移	收费，详情请参见产品定价	详情请参见产品定价

3．操作方法

登录数据传输控制台。选择迁移的目标集群所属地域，并打开"创建迁移任务"页面。配置迁移任务的源库和目标库连接信息，详细介绍如表 9-10 所示。

表 9-10　源库信息与目标实例信息

类　别	配　置	说　明
无	任务名称	DTS 会自动生成一个任务名称，建议配置具有业务意义的名称（无唯一性要求），便于后续识别
源库信息	实例类型	根据源库的部署位置选择，本文以有公网 IP 地址的自建数据库为例介绍配置流程 说明：当自建数据库为其他实例类型时，还需要执行相应的准备工作
	实例地区	当实例类型选择为有公网 IP 地址的自建数据库时，实例地区无须设置 说明：如果自建 MySQL 数据库具有白名单安全设置，则需要在实例地区配置项后，单击"获取 DTS IP 段"按钮来获取 DTS 服务器的 IP 地址，并将获取到的 IP 地址加入自建 MySQL 数据库的白名单安全设置中
	数据库类型	选择 MySQL
	主机名或 IP 地址	填入自建 MySQL 数据库的访问地址，本例中填入公网地址
	端口	填入自建 MySQL 数据库的服务端口，默认为 3306
	数据库账号	填入自建 MySQL 的数据库账号，权限要求请参见数据库账号的权限要求
	数据库密码	填入该账号对应的密码 说明：源库信息填写完毕后，可以单击数据库密码后的测试连接来验证填入的信息是否正确。如果填写正确，则提示测试通过；如果提示测试失败，则单击测试失败后的诊断，根据提示调整填写的源库信息

续表

类别	配置	说明
目标实例信息	实例类型	选择 PolarDB
	实例地区	选择目标 PolarDB 集群所属的地域
	PolarDB 实例 ID	选择目标 PolarDB 集群 ID
	数据库账号	填入目标 PolarDB 集群的数据库账号,权限要求请参见数据库账号的权限要求
	数据库密码	填入该账号对应的密码 **说明**:目标库信息填写完毕后,可以单击数据库密码后的测试连接来验证填入的信息是否正确。如果填写正确则提示测试通过;如果提示测试失败,则单击测试失败后的诊断,根据提示调整填写的目标库信息

配置完成后,单击页面右下角的"授权白名单"按钮并进入下一步。

说明:此步骤会将 DTS 服务器的 IP 地址自动添加到目标 PolarDB MySQL 的白名单中,用于保障 DTS 服务器能够正常连接目标集群。

选择迁移类型和迁移对象,详细信息如表 9-11 所示。

表 9-11 迁移类型和迁移对象

配置	说明
迁移类型	如果只需要进行全量迁移,则同时选中结构迁移和全量数据迁移 如果需要进行不停机迁移,则同时选中结构迁移、全量数据迁移和增量数据迁移 **注意**:如果未选中增量数据迁移,那么为保障数据一致性,全量数据迁移期间请勿在源库中写入新的数据
迁移对象	在迁移对象框中单击待迁移的对象,然后单击 ▶ 图标,将其移动至已选择对象框 **注意**:迁移对象选择的颗粒度为库、表、列。在默认情况下,迁移对象在目标库中的名称与源库保持一致。如果需要改变迁移对象在目标库中的名称,则需要使用对象名映射功能。如果使用了对象名映射功能,则可能导致依赖这个对象的其他对象迁移失败

单击页面右下角的"预检查"按钮并启动。在迁移任务正式启动之前,会进行预检查。只有通过预检查,DTS 才能迁移数据。如果预检查失败,则单击具体检查项后的 ⓘ 图标,查看失败详情。根据提示修复后,重新进行预检查。预检查通过后,确认购买并启动迁移任务。

结构迁移+全量数据迁移:请勿手动结束迁移任务,否则可能导致数据不完整。只需等待迁移任务完成即可,迁移任务会自动结束。

结构迁移+全量数据迁移+增量数据迁移:迁移任务不会自动结束,需要手动结束迁移任务。注意请选择合适的时间手动结束迁移任务,例如业务低峰期或准备将业务切换至目标集群时。

观察迁移任务的进度变更为增量迁移,并显示为无延迟状态时,将源库停写几分钟,此时增量迁移的状态可能会显示延迟的时间。

等待迁移任务的增量迁移再次进入无延迟状态后,手动结束迁移任务。

将业务切换至 PolarDB 集群。增量数据迁移阶段支持同步的 SQL 操作,如表 9-12 所示。

表 9-12　增量数据迁移阶段支持同步的 SQL 操作

操作类型	SQL 操作语句
DML	INSERT、UPDATE、DELETE、REPLACE
DDL	<ul><li>ALTER TABLE、ALTER VIEW</li><li>CREATE FUNCTION、CREATE INDEX、CREATE PROCEDURE、CREATE TABLE、CREATE VIEW</li><li>DROP INDEX、DROP TABLE</li><li>RENAME TABLE</li><li>TRUNCATE TABLE</li></ul>

9.4.2　云上数据的导出

1. 通过 DMS 导出

通过 DMS 登录 PolarDB 实例。在 DMS 界面的左侧实例列表中,展开目标 PolarDB 实例,然后双击该实例下的某个数据库。接下来,可以导出表或者查询结果。例如在显示的 SQL 窗口中,右击目标表,选择"导出"。可以导出该表的结构或数据,也可以导出库里的多个表。导出查询结果:在显示的 SQL 窗口中,执行查询语句,然后在执行结果区域,导出查询结果集。

2. 通过 DTS 迁移至其他数据库

对于 PolarDB MySQL,需要先开启 Binlog,即在 PolarDB 控制台的参数设置页面打开 loose_polar_log_bin 参数。

登录 DTS 控制台。创建迁移任务。配置迁移任务的源库和目标库连接信息。例如,可以从 PolarDB 迁移至本地或 ECS 上的自建数据库。进入下一步,选择迁移类型和迁移对象。如果需要不停机迁移,则需选中增量迁移。进入下一步,预检查通过后,确认创建迁移任务。

第 10 章

PolarDB 运维管理

数据库的生命周期大致可分为四个阶段：规划、开发、实施和运维。运维阶段是项目上线后的工作，通常包含三方面的任务：扩展资源、备份与恢复、监控与诊断。本章首先概述 PolarDB 运维管理；然后介绍 PolarDB 扩展资源的几种方式；接着介绍 PolarDB 备份与恢复的过程；最后详述 PolarDB 提供的监控与诊断方法。

10.1 数据库运维概述

数据库[1]的生命周期大致可分为四个阶段：规划、开发、实施和运维。运维阶段是项目上线后的工作，也是时下热门的研究领域[2-5]，通常包含如下三方面的工作：

- 部署环境。包括数据库安装、参数配置和权限分配；
- 备份与恢复。对数据库来说，有一个可用的备份非常重要，可以防止数据损坏或用户误操作等造成的数据丢失；
- 监控与诊断。对运维人员来说，要先保证数据库的正常运行，再保障系统运行过程中的性能。所以，监控主要分为数据库运行状态监控和数据库性能监控。

10.2 扩展资源

10.2.1 系统扩展

PolarDB 支持在线扩容，在变更配置过程中无须对数据库加锁。PolarDB 支持三维扩展：计算能力垂直扩展，即节点规格升降配；计算能力水平扩展，即增加或删除只读节点；存储空间水平扩展，PolarDB 采用 Serverless 架构，无须手动设置容量或扩/缩容，容量随数据量的变化自动地在线调整。当数据量较大时，可以使用 PolarDB 存储包，以降低存储成本。

10.2.2 手动升降配

集群规格的升降级不会对集群中已有数据造成任何影响。在集群规格变更期间，PolarDB 服务会出现几秒钟的闪断且部分操作不能执行的状况，建议在业务低谷期执行变更。发生闪断后，需在应用端重新建立数据库连接。在 PolarDB 集群变更配置期间，只读请求相比读写请求的滞后时间，比正常运行状态的滞后时间可能更长。

手动升降配操作方法：

1）登录 PolarDB 控制台。

2）在控制台左上角，选择集群所在地域。

3）在集群列表页或基本信息页中打开"升降配"对话框。

4）选择"升级配置"或"降级配置"。

5）选择所需的节点规格并完成购买：在同一集群中，所有节点的规格保持一致；规格变更预计需要 10min 生效。

10.2.3　手动增减节点

PolarDB 集群版最多包含 15 个只读节点，最少包含 1 个只读节点（用于保障集群的高可用）。在同一集群中，所有节点的规格保持一致。

1．节点费用计算

如果集群为包年包月（也称预付费），则增加的节点也是包年包月的。如果集群为按量付费（也称后付费或按小时付费），则增加的节点也是按量付费的。增加节点仅收取节点规格的费用，存储费用仍然按实际使用量收取，与节点数量无关。

包年包月和按小时付费的只读节点都可以随时释放，释放后会退款或停止计费。新增只读节点后，新建的读写分离连接会将请求转发到该只读节点。在新增只读节点之前，建立的读写分离连接不会将请求转发到新增的只读节点，需要断开该连接并重新建立连接，例如重启应用。仅当集群没有正在进行的配置变更时，才可以增加或删除只读节点。

2．操作方法

1）登录 PolarDB 控制台。

2）在控制台左上角，选择集群所在地域。

3）找到目标集群，在集群列表或集群的基本信息页打开增、删节点的向导。

4）选择增加节点或删除节点。

5）增加或删除只读节点：节点被删除后会停止对该节点的计费或退款；增加或删除节点需要 5min 左右生效。

10.2.4　自动升降配和增减节点

若业务量波动较大且波动频繁，则推荐购买 PolarDB 计算包，并配合自动扩容和回缩服务一起使用。当集群配置发生调整时，计算包能根据当前规格自动进行抵扣。但是，只有按量付费的 PolarDB MySQL 集群才支持自动扩容和自动回缩，包年包月集群暂不支持自动扩容和回缩。

操作方法：

1）登录 PolarDB 控制台。

2）在控制台左上角，选择集群所在地域。

3）在集群列表页，单击目标"集群 ID"按钮。

4）在左侧导航栏中，进入诊断页面。

5）进入自治中心，打开自治中心的开关设置页面。

6）根据需求，打开自动扩容和自动回缩的开关，还可以设置相应的触发条件、扩容规格上限、只读节点数量上限等。

10.3 备份与恢复

10.3.1 备份

可靠的备份功能可以有效地防止数据丢失。PolarDB 支持周期性的自动备份以及即时生效的手动备份。当删除 PolarDB 集群时，还可以选择保留备份数据，从而避免误操作导致的数据丢失。

PolarDB 备份和恢复功能均可以免费使用，但备份文件需要占用一定的存储空间，PolarDB 会根据备份文件（数据和日志）的存储容量和保存时长收取一定费用。

1．备份方式（见表 10-1）

表 10-1　备份方式

备 份 方 式	说　　明
系统备份（自动）	• 自动备份默认为每天 1 次，可以设置自动备份的执行时间段和周期 • 备份文件不可删除 说明：出于安全考虑，自动备份的频率为每周至少 2 次
主动备份	• 可以可随时发起主动备份。每个集群最多可以有 3 个主动创建的备份 • 备份文件可删除

2．备份类型

（1）一级备份（数据备份）

一级备份采用了 ROW（Redirect-on-Write）快照的方式，直接存储在分布式存储集群中。每次保存快照时并没有真正复制数据，当数据块有修改时，系统会将其中的一个历史版本的数据块保留给快照，同时生成新的数据块被原数据引用（Redirect）。因此，无论数据库的容量为多少，都可以做到秒级备份。采用一级备份方式备份和恢复的速度快，但保存成本较高。PolarDB 集群备份和恢复功能均采用多线程并行处理来提高效率。目前，基于备份集（快照）进行恢复（克隆）的速度是 40 分钟/TB。为确保数据安全，一级备份功能默认处于开启状态。一级备份的数据最短保留时间为 7 天，最长保留时间为 14 天。

（2）二级备份（数据备份）

指一级备份压缩后保存在其他离线存储介质上的备份数据，使用二级备份恢复数据的速度较慢，但其保存成本较低。二级备份功能默认是关闭状态，备份的最短保留时间为 30 天，最长保留时间为 7300 天。同时可以开启"删除集群前永久保存"功能。开启二级备份后，若一级备份超出设置的保留时间，则数据会被自动转存为二级备份，转存速度约为 150MB/s。若一级备份未能在下一个一级备份开始转存前完成，则下一个一级备份会被直接删除而不会被转存为二级备份。例如，将 PolarDB 集群的一级备份的备份时间设置为每日凌晨 1 点，保留时间为 24h。PolarDB 集群在 1 月 1 号凌晨 1 点生成一级备份 A，2 号凌晨生成一级备份 B，备份 A 在 2 号凌晨 1 点超过设置的保存时间，然后开始转存为二级备份。由于该备份文件较大、转存时间较长，到 3 号凌晨 1 点时该转存任务若仍未完成，则此时备份 B 在 3 号凌晨 1 点后将会被直接删除而不会转存为二级备份。

（3）日志备份

日志备份通过实时并行上传 Redo Log（重做日志）到 OSS（Object Storage Service）来达到备份的目的。后续通过一个数据全量备份（快照）以及后续一段时间的 Redo Log，就可以将 PolarDB 集群恢复到任意时间点（Point-In-Time Recovery，PITR），以保证最近一段时间的数据安全性，避免由误操作导致的数据丢失。日志备份最短保留时间为 7 天，最长保留时间为 7300 天，同时可以通过开启日志永久保留配置项，永久保留日志。

3．设置自动备份

1）登录 PolarDB 控制台。

2）在控制台左上角，选择集群所在地域。

3）找到目标集群，单击"集群 ID"按钮。

4）在左侧导航栏中，进入备份恢复页面。

5）打开备份设置对话框。

6）设置数据自动备份的周期。

4．手动创建备份

1）登录 PolarDB 控制台。

2）在控制台左上角，选择集群所在地域。

3）找到目标集群，单击"集群 ID"按钮。

4）在左侧导航栏中，进入备份恢复页面。

5）打开创建备份的对话框并确认创建，其中每个集群最多可以有 3 个手动创建的备份。

5．常见问题

注意，一级备份的总大小通常比单个备份要小。这是因为 PolarDB 的一级备份有两个容量数据，一个是每个备份的逻辑大小，另一个是全部备份的物理大小。PolarDB 的一级备份采用快照链机制，相同的数据块只会记录一份，因此总物理大小要小于逻辑大小，有时候甚至会小于单个备份逻辑大小。

10.3.2 恢复

1．恢复方式（见表 10-2）

表 10-2　恢复方式

维　　度	恢　复　方　式
恢复的源类型	• 按时间点恢复：基于备份集和 Redo Log，恢复到过去的某个时间点 • 从备份集恢复：恢复所选备份集内的数据
恢复的颗粒度	• 恢复整个集群 • 恢复指定库或表
恢复的目标	• 恢复到新集群：将备份的数据恢复到一个新集群（也称为克隆实例），经过验证后，再将数据迁回原集群 • 恢复到当前集群

注意：某些恢复方式（例如恢复到当前集群）仅有部分集群类型支持。

2．操作方法

1）登录 PolarDB 控制台。

2）在控制台左上角，选择集群所在地域。

3）找到目标集群，单击"集群 ID"按钮。

4）在左侧导航栏中，进入备份恢复页面。

5）打开恢复到新集群或当前集群的页面。

6）选择按时间点恢复或从备份集恢复：如果恢复到当前集群，则可以指定要恢复的库和表；如果恢复到新集群，则需要指定新集群的付费方式及完成购买。

10.4 监控与诊断

10.4.1 监控与报警

1．监控

PolarDB 控制台提供了丰富的性能监控项和秒级监控频率，方便用户掌握集群的运行状态并通过细粒度的监控数据快速定位运维问题。

2．报警

PolarDB 控制台支持创建和管理阈值报警规则，方便用户及时了解 PolarDB 集群或节点的监控数据异常并快速处理。

3．操作方法

1）登录 PolarDB 控制台。

2）在控制台左上角，选择集群所在地域。

3）找到目标集群，单击"集群 ID"按钮。

4）在左侧导航栏中，进入性能监控页面。

5）根据业务需求进行操作：查看集群或节点的监控信息；设置监控频率；添加或管理报警规则。

10.4.2 诊断与优化

PolarDB 结合阿里云数据库自治服务（Database Autonomy Service，DAS），提供多种自治特性，帮助用户快速诊断和应对各种原因导致的突发数据库性能问题[4][5]。

1．自动 SQL 优化

慢 SQL 会极大地影响数据库的稳定性。当数据库出现负载高、性能抖动等问题时，数据库管理员或开发者首先会查看是否有慢 SQL 在执行。DAS 提供慢 SQL 分析功能，展示慢 SQL 趋势和统计信息，并且提供 SQL 建议和诊断分析。

慢 SQL 查看方式对比如表 10-3 所示。

表 10-3　慢 SQL 查看方式对比

查看方式	说　明
直接查看	• 慢 SQL 未经过参数化、聚合、采样等处理，可查看性差 • 无法快速地定位问题、修复问题、及时止损
通过自建慢 SQL 平台查看	• 需要自建采集、计算、存储平台，成本高 • 需要有对应的开发和运维人员，门槛高
使用 DAS 的慢 SQL 分析功能	• 流程闭环：包含慢 SQL 发现、分析、诊断、优化、跟踪，形成全生命周期管理 • 门槛低：无须专业数据管理员也可进行慢 SQL 分析和优化

2．操作方法

1）登录 PolarDB 控制台。

2）在控制台左上角，选择集群所在地域。

3）找到目标集群，单击"集群 ID"按钮。

4）在左侧导航栏中，进入慢 SQL 界面。

5）查看指定时间范围内的慢 SQL 趋势。

6）单击慢 SQL 趋势图中的某个时间点，可查看该时间点的慢 SQL 统计与明细。

7）当出现慢 SQL 时，可查看慢 SQL 的详细信息和诊断建议。

3．更多功能

（1）自治中心

通过自治中心开启自治服务。在自治服务开启后，DAS 会在数据库出现异常时自动分析原因，给出优化或止损建议，并自动进行优化或止损操作（需经用户授权后才会开启优化操作）。

（2）会话管理

通过会话管理功能查看目标实例的会话详情和会话统计等信息。

（3）实时性能

通过实时性能功能了解目标集群的 QPS（Query per Second）、TPS（Transaction per Second）和网络流量等信息。

（4）空间分析

通过空间分析功能查看目标实例的空间使用概况、空间剩余可用天数，以及数据库中某个表的空间使用情况、空间碎片、空间异常诊断等。

（5）锁分析

通过锁分析功能直观地查看和分析数据库最近一次发生的死锁。

（6）性能洞察

通过性能洞察功能，快速评估数据库负载，找到性能问题的源头，提升数据库的稳定性。

（7）诊断报告

通过诊断报告功能自定义诊断报告创建条件并查看诊断报告。

参 考 文 献

[1] GARCIA-MOLINA H, D.ULLMAN J, WIDOM J.数据库系统实现[M] .2 版.杨冬青，吴愈青，等译. 北京：机械工业出版社，2010.

[2] ZHANG J, LIU Y, ZHOU K, et al. An End-to-End Automatic Cloud Database Tuning System Using Deep Reinforcement Learning[C]. SIGMOD Conference 2019: 415-432.

[3] DANA V, ANDREW P, GEOFFREY J G, et. al. Automatic Database Management System Tuning Through Large-scale Machine Learning[C]. SIGMOD Conference 2017: 1009-1024.

[4] TAN J, ZHANG T Y, LI F F, et al. iBTune: Individualized Buffer Tuning for Large-scale Cloud Databases[C]. Proc. VLDB Endow. 12(10): 1221-1234 (2019).

[5] MA M H, YIN ZH, ZHANG SH L, et al. Diagnosing Root Causes of Intermittent Slow Queries in Large-Scale Cloud Databases[C]. Proc. VLDB Endow. 2020, 13(8): 1176-1189.

探寻阿里二十年技术长征
呈现超一流互联网企业的技术变革与创新

Alibaba Group 阿里巴巴集团 | 技术丛书 阿里巴巴官方出品，技术普惠精品力作

反侵权盗版声明

电子工业出版社依法对本作品享有专有出版权。任何未经权利人书面许可，复制、销售或通过信息网络传播本作品的行为；歪曲、篡改、剽窃本作品的行为，均违反《中华人民共和国著作权法》，其行为人应承担相应的民事责任和行政责任，构成犯罪的，将被依法追究刑事责任。

为了维护市场秩序，保护权利人的合法权益，我社将依法查处和打击侵权盗版的单位和个人。欢迎社会各界人士积极举报侵权盗版行为，本社将奖励举报有功人员，并保证举报人的信息不被泄露。

举报电话：（010）88254396；（010）88258888
传　　真：（010）88254397
E-mail：　dbqq@phei.com.cn
通信地址：北京市万寿路173信箱
　　　　　电子工业出版社总编办公室
邮　　编：100036